新媒体内容创作与运营实训教程

黄鹂 ○ 著

# 全媒体创新案例精解

MEDIA CONVERGENCE

INNOVATION

复旦大学出版社

# 编者的话

互联网与新媒体的蓬勃发展,彻底改变了世界,也改变了传媒。无论业界或学界,传媒业都面临被重新定义和形塑的命运,因应一个时代大课题:生存还是毁灭?

本系列——新媒体内容创作与运营实训教程——就是对这一大课题的小回应。编辑出版这套教程,基于三个设想:

第一,总结并传播新媒体领域的新实践、新经验、新思想,反哺学界;

第二,致力于呈现知识与技能的实用性、操作性、针对性,提供干货;

第三,加强学界与业界、实践与学术的成果转化,增进协作。

为此,本系列进行了诸多探索和尝试:作者群体融合业界行家与学界专家,内容结合案例精解与操作技能,行文力求简洁通俗,体例追求学练合一。

作为创新与开放的新系列,难免有粗陋疏忽之处,敬请读者诸君指正。

# 序

从 1983 年美国麻省理工学院浦尔教授指出新技术将带来媒体融合这一趋势到今天已经有三十多年，媒体融合被升级为国家战略也已有五年。虽然媒体融合的理论探讨与实践路径存在诸多争议，但媒体的探索从未停止。无论是"中央厨房"还是智媒体，无论是多屏互动还是台网联动，传统媒体围绕内容、形式、技术、体制等各个方面转型和蜕变，寻找适合各自的道路和模式，取得了阶段性成绩。而近五年来，不断崛起的新媒体企业，也在进一步创造新的网络传播环境与互联网生态。它们不仅提供新的信息传播平台，发展新的传播模式，还营建社区、提供服务、打造全新产业链条。它们的出现，也在一定程度上影响着今天的传媒业格局。传统媒体与新媒体之间，既有矛盾与碰撞，也有相互借鉴与合作。所有这些探索，都需要有人站在全局的高度，真实、客观、理性地记录下来并加以分析和研究。

黄鹂的这本书，是对媒体融合国家战略实施以来第一个五年的全面记录和研究。该书从 20 个案例入手，展开对媒体融合纷呈百态和森罗万象的分析。这 20 个案例既是中国媒体融合实践中最具典型性的代表，也是发展得较为成功的案例。从广度来看，这 20 个案例既包含中央媒体和省市级媒体的优秀代表,也包含崭露头角的市场化新媒体代表,对案例的选择体现了作者的开阔视野。从深度来看,全书除了对案例进行历史和现状的介绍之外,还站在理论高度对每一个案例进行点评和分析,使人们不仅知其然,还能思其所以然。

黄鹂近些年来一直在从事媒体融合方面的研究,凭借在中央电视台的平台上能够最大可能地接触融合中的各级各类媒体,她写作本书有着得天独厚的优势。书中大部分研究对象,她都通过实地调研获得一手数据,了解实际运营情况,并且与研究对象保持长期的、动态的合作与联系。她也能够从全局的角度来审视媒体融合现状,并且运用相关理论来进行分析和研究。相信本书将为媒体融合实践的深化发展提供借鉴和启迪。

无论是对传统媒体还是对新媒体来说,挑战都在继续。正在普及的5G技术将进一步推进移动化和智能化这两大媒体发展的趋向,并且渗透到我们生活的方方面面。移动化和智能化进一步交织融合,不仅会带来今天传播手段和形态的进一步升级,更有可能会颠覆原有的传播理论和传播关系。我们甚至可以预见,万物皆媒的时代将会到来。但未来无论如何变化,都建立在今天的实践基础上。今天我们的认识有多深,决定着未来我们能走多远。希望本书的思考可以帮助我们更好地洞察未来。

彭 兰

2020年5月于清华园

# 前言

媒体融合是人类历史发展的必然产物，也是传媒史上的重大革命。

21世纪以来，在互联网媒体的猛烈冲击下，传统媒体的竞争力大幅度下降——用户分流、广告收入下滑、核心竞争力缩减，传统媒体面临前所未有的巨大危机。互联网不仅渗入人们生活的各个方面，也逐渐成为一种生活方式。传统媒体唯有拥抱互联网，与网络媒体融为一体，才能浴火重生。

为了抢占意识形态新阵地，党中央发布媒体融合国家战略。传统媒体也变挑战为机遇，拓展渠道、搭建平台、优化内容、聚拢粉丝、深化改革，争分夺秒完成转型。几年来，媒体融合已经取得了初步成效，形成了一些较为成熟的模式。

## 一、本书的背景和写作意义

从2014年8月19日党中央正式提出"媒体融合"的概念到2020年，已经过去近六年。在传媒业界，无论是中央媒体还是地方媒体，都已经开始了媒体融合的实践和探索；学界也纷纷开展媒体融合的研究。在当前阶段，媒体融合呈现出五个特征。

一是融合总体取得了很大成效。在中央媒体的大力倡导和省市地方媒体的积极配合下,在互联网思维的指导下,全国各级媒体在顶层设计上都做了明确和精良的部署,在客户端、"中央厨房"、大数据中心、云平台、内容制作等核心产品上不断发力,形成了多种传播渠道齐下、传播力增强、覆盖面扩大的局面。中央广播电视总台、新华社、《人民日报》[①]三大中央媒体各显身手,搭建了属于自己的平台、客户端和"中央厨房";省级媒体呈现出"东澎湃、西封面、中浙江新闻、南南方+、北新京报"的格局;在区县一级,全国已经建成县级融媒体中心数千家,一部分进入良性运行、自营自收的状态。与此同时,一批制作互联网内容和聚合内容的商业媒体开始出现,在互联网传播领域进行开拓性的探索。媒体融合逐步走向深化发展和成熟运作,"电视+"正在变成"互联网+"。

二是移动传播正在成为制高点。随着5G时代的到来和智能手机的不断普及,移动端的阅读和消费逐渐成为用户的刚需。根据中国互联网络信息中心(CNNIC)发布的第44次《中国互联网络发展状况统计报告》的数据,截至2019年6月,我国手机网民规模达8.47亿。为了适应移动端的需求,以短视频、移动直播音视频为主的内容逐渐取代了以往的长视频和长音频,精品内容和优质服务也逐渐向移动端转移。

三是出现了大批适合互联网的精品内容。随着短视频逐渐成为"风口",一批主流媒体,尤其是报社迅速加入制作短视频的队伍中,出现了《初心》、《红色气质》、《习近平的"轻松时刻"》、《十三五之歌》、《大道之行》等一大批优质短视频,也出现了秒拍、今日头条、抖音、快手、喜马拉雅等一批聚合视频或音频的平台,还出现了二更、梨视频等一批专门制作精品短视频的互联网公司。这些优质的互联网内容和聚合平台带动了移动端传播的繁荣,使移动端成为传播的主战场和主阵地。

---

① 本书中,当报纸名单独出现时,加书名号以表示其为报纸,如《人民日报》、《新京报》;当报纸名与产品名共同出现时,则不加书名号以表示其为机构,如人民日报"中央厨房"、新京报"我们视频"。

四是传播的形态更加多样化,出现了较为成熟的融合模式。近年来,国内的传统媒体做了大量的融合模式的探索。一些学者认为,这些模式放到全世界来看也不落后。湖南广电的生态重塑、全媒体产品经营模式就比较成功。它们面向市场竞争的主体已经不再是单一的湖南卫视,而是芒果传媒。SMG互联网节目中心以互联网节目来反哺电视节目的模式也值得传统媒体借鉴。无论是传统媒体还是商业媒体,最终要根据自身的发展情况来探索融合的模式。

五是技术的发展形成了融合的催化剂。随着大数据的发展和智能手机的普及,云终端、云平台的打造以及多种用户行为的计算和处理逐渐成为可能,智能终端开始出现,使得算法开始深入人心。一些媒体更是开始探索如何转型为智媒体,甚至有了机器人代替人写作的现象。VR、AR等高科技的出现使移动端视频有了更好的体验,4K、8K又为观看提供更高的清晰度。5G新媒体平台的诞生,使这些高科技在以5G为支撑的平台上通行无阻、相得益彰,推动了传媒业的发展。

2020年3月,国家明确提出在推进国家规划的重大工程和基础设施建设中,将加快5G网络、数据中心等新型基础建设(简称新基建)工作。新基建是立足于高新科技的基础设施建设。5G作为支撑经济社会数字化、网络化、智能化转型的关键基础设施,是新基建的重中之重。而新兴媒体作为5G产业链中不可或缺的一端,也必将随之迎来史无前例的转机。

媒体融合的学术研究也欣欣向荣。近六年来,学界和业界专家竞相对媒体融合展开研究,取得了丰富的研究成果。截至2020年6月,在中国知网上我国关于媒体融合的期刊论文已有2 300多篇。关于媒体融合的研究成果大致可以分为五类。

一是理论研究。探讨媒体融合转型的目的、意义、概念、模式、发展规律,以及对发展趋势的研判和预测等。

二是行业动态追踪。时刻跟进融合发展最新动态和资讯,披露最新数据。这类研究在全国多个机构展开,例如中国社科院、社会科学文献出版社等机构每年发布的媒体融合年度报告,披露最新数据,展示最新进展,全面记录中国媒体融合的发展进程;再如卡思数据、艾瑞咨询、易观国际、中国广视索福瑞、美兰德等公司发布的多个垂直类报告。

三是个案研究。这类研究在所有媒体融合的研究中占大多数。它们针对国内外融合中的一些成功案例,如 BBC、CNN、芒果 TV、上海文广等进行深度剖析,探讨它们在某一方面成功的原因。

四是媒体融合的内容研究。新旧媒体融合以后,尤其是移动端用户的增长,使短视频和移动直播从 2016 年开始成为"风口",关于短视频和移动直播的研究数据大量涌现。在音频领域则是对知识付费、音频直播等内容的关注。另外,学界和业界也广泛关注对新媒体内容的生产和激励机制研究,比如梨视频的拍客体系、秒拍的内容激励措施等。

五是对平台和技术的研究。随着大数据、云平台、VR/AR 技术、5G 新媒体平台的不断发展和成熟,对技术领域的研究也成为媒体融合研究的重点。一些媒体率先尝试运用新技术,比如封面传媒的智媒体研究、《江苏经济报》的 VR/AR 实践等。5G 新媒体平台诞生以后,出现了大量关于 5G 新媒体平台对传媒的影响的趋势性探讨。

传媒行业的发展历来是实践推动理论的发展,媒体融合也是从实践开始,摸着石头过河,不断地演练、积累和沉淀,发展到理论的上升和总结。反过来,媒体融合实践也需要理论不断地指导,总结经验、探讨规律,为下一步的融合发展提供借鉴。纵览媒体融合的实践和研究现状,虽然目前研究成果甚多,案例也丰富多样,但有的缺乏理论高度,有的只见树木不见森林,很少有能够从全局高度对我国媒体融合发展案例进行盘点、梳理,并且上升到理论的著作。本书希望能够填补这块空白。

## 二、本书的主题、结构、分析框架

本书名为《全媒体创新案例精解》。"全媒体"最初并不是学界提出的一个概念,而是来自传媒应用领域的实践。随着信息技术、通信技术和互联网技术等的发展以及媒体融合实践的推动,全媒体的内涵在不断丰富、深化和发展。

最初,"全媒体"的概念只是不同类型媒体的组合。随着科技发展日新月异和媒体形式不断变化,媒体在内容、渠道、功能等方面出现融合,使得人们在使用媒体概念时需要意义涵盖更广阔的词语。至此,"全媒体"的概念开始广泛适用。2019年1月25日,在中共中央政治局第十二次集体学习的讲话中,习近平主席强调,"全媒体不断发展,出现了全程媒体、全息媒体、全员媒体、全效媒体,信息无处不在、无所不及、无人不用,导致舆论生态、媒体格局、传播方式发生深刻变化,新闻舆论工作面临新的挑战","推动媒体融合发展,建设全媒体是我们面临的一项紧迫任务"。这段重要论述,将媒体融合提升到全媒体发展阶段,说明在全媒体阶段,融合的中心已经随形势发生了变化。我们将全媒体看作媒体融合发生到现阶段的产物。因此,在本书中采用"全媒体"的概念,旨在重点研究媒体融合发展到全媒体阶段在实践上所做的创新举措。

全书的案例分为两大部分:第一部分介绍传统媒体在向全媒体发展过程中的创新实践,它们在体制内如何进行转型;第二部分介绍一批商业媒体的诞生,它们在一开始就拥有互联网基因的情况下如何开展融合发展的创新实践。

全书选取20个较为典型和相对成功的创新案例。前十个被称为传统媒体的转型,包括中央广播电视总台、新华社和《人民日报》三大中央媒体,也包括上海广播电视台、芒果TV、湖北广电、封面传媒、《新京报》、湖南红网、上海报业集团等省市级媒体。后十个案例来自商业媒体,它们在媒体融合方面有各自擅长的领域。例如,腾讯长于社交,梨视频、二更专注做短视频,今日头条、抖音和快手致力于聚合平台,B站主打二次元文化,喜马拉雅主攻音频市场,而蓝海传媒集团则用自己的蓝海云开创了对外传播融媒体的先例。

本书的分析框架以互联网思维下的产品为理念,将上述媒体和互联网公司的模式及路径看作互联网的产品,围绕产品展开相关要素的分析框架:

一是定位,因为定位是一个企业或产品的核心和灵魂,反映一个企业独特的战略思想;二是产品和产品线的介绍,无论是单个的产品还是系统的产品线,都是一个企业赖以生存的核心和根本;三是运营特色,这是如何使产品走向用户的具体路径;四是创新价值,也就是该产品或企业存在的价值和社会地位。从产品的角度去剖析一个媒体的融合发展,正是互联网思维的体现。

## 三、本书的研究方法

(1) 实地调研法。在近两年的研究过程中,笔者多次走访了中央媒体,如《人民日报》、新华社、中央广播电视总台,以及省市级媒体,如湖南广电、上海广播电视台、湖北广电、陕西广电、浙江广电、上海报业集团、《新京报》、南方报业集团、湖南红网等,也走访了众多新媒体公司,如腾讯、今日头条、二更、梨视频、秒拍、抖音、快手、映客、咪咕、B站等,获得了宝贵的一手数据和资料。本书20个案例中的数据90%以上是实地调研而来。

(2) 内容监测和分析法。从2017年7月到2018年年底,原中央电视台发展研究中心(现创新发展研究中心)委托中国广视索福瑞媒介研究公司(CSM)对九个主要短视频平台[①]进行为期一年半的监测和分析,捕捉发布者、内容、来源、时长、播放量等几个要素,对播放量较大,尤其是播放量超过1亿人次以上的短视频进行重点的个案分析。书中针对短视频的所有内容和监测数据均来自CSM的一手数据。

(3) 个案研究法。笔者在2017年到2019年对书中介绍的所有机构进行了持续的跟踪研究,了解最新发展动态,撰写了近70篇个案研究分析报告,尤其对爆款短视频和一些典型的融合实践进行了具体案例研究。

(4) 文献综述法。除一手资料以外,笔者还阅读了大量相关文献资料以获得补充,包括《媒体融合蓝皮书:中国媒体融合发展报告》、《中国新兴媒体

---

① 这九个平台为央视新闻+、新华社、《人民日报》、今日头条、秒拍、腾讯视频、梨视频、快手和新土豆。

融合发展报告》《中国媒体融合发展报告》和相关学术论文。笔者还密切关注IT互联网数据中心、中国产业研究院、艾瑞咨询、全中看传媒、德外五号、中广互联、卡思数据服务、世界互联网大会、传媒转型等众多微信公众号推送的文章,了解行业最新发展动态。

### 四、本书的创新点和不足

作为一本媒体融合领域的教材,本书有三个创新点。

第一,研究视角的创新。本书兼具理论和实践的视角——不同于以单一时间发展脉络呈现数据的媒体融合发展报告只有数据没有分析,也不同于以单一案例进行分析的研究论文只见树木不见森林,本书站在理论的视角和高度,将各种案例进行系统的归纳、梳理、比较和分析。尤其从高校教材的角度,对案例进行较为抽象和学术化的分析,并且做了客观和中性的评价。这在相关研究中并不多见。

第二,研究方法的创新。本书采用定量和定性相结合的研究方法,包括实地调研法、内容监测分析法、文献综述法等。值得一提的是实地调研法,笔者曾亲历这些媒体和互联网公司,与主要负责人进行深度访谈,切实了解一线工作情况。此外,内容监测法对互联网移动端的内容有较为精确的监测,具有较高的说服力。

第三,分析框架的创新。本书从单个的案例入手,但不是对案例的简单堆砌,而是设计了统一的分析框架,从产品的角度来审视和分析这些案例,一方面使其更加具有市场价值,另一方面符合教材的规范。

诚然,本书也有研究的局限和瓶颈。主要体现在对全书所有的案例进行分析时,虽然有产品、产品线、运营、机制体制等各方面的分析,但唯独没有展现盈利模式的状况。从传统媒体的角度来看,内容制作通常和盈利部门分开,所以大部分无需考虑盈利模式;从商业媒体运营来看,虽然它们都在进行盈利的探索,但是到本书出版前尚没有普遍和完全形成非常成熟的盈利模式(极少数个别除外)。因而盈利模式尚不完全具备研究的价值。

另外,本书并没有实时跟进最新的数据。由于本书的立意主要是从案例入手分析融合传播的模式,因此,尽可能选择较为成熟的案例和比较典型的历史数据,不着力最新数据的发现和跟进。

# 目录

1 媒体融合发展历史及相关概念 … 1
    1.1  媒体融合发展历史 … 1
    1.2  媒体融合相关概念辨析 … 7

2 《人民日报》：建成国内第一个"中央厨房" … 15
    2.1  人民日报"中央厨房"诞生的背景 … 15
    2.2  "中央厨房"的分类与发展现状 … 17
    2.3  "中央厨房"的创新探索：全流程打通的完整融合体系 … 21
    2.4  人民日报"中央厨房"的创新价值：媒体深度融合的"标配"和龙头工程 … 25

3 新华社：现场新闻和现场云 … 29
    3.1  现场新闻和现场云的发展历程 … 30
    3.2  现场新闻和现场云的特点 … 31
    3.3  现场新闻和现场云的融合创新：生产适合移动传播的线上新闻 … 36
    3.4  现场新闻和现场云的创新价值：跳出同质化竞争，倒逼机制重组 … 38

## 4 中央广播电视总台：从借船出海到造船出海 ⋯ 41
### 4.1 媒体融合的背景和原因 ⋯ 41
### 4.2 媒体融合的主要阶段和产品 ⋯ 46
### 4.3 5G 新媒体平台的创新：打造与长视频不一样的短视频 ⋯ 52
### 4.4 5G 新媒体平台的创新价值：向国际一流新型媒体迈进 ⋯ 55

## 5 上海广播电视台：面向互联网的优质原创节目 ⋯ 57
### 5.1 SMG 互联网节目中心的发展历程 ⋯ 57
### 5.2 SMG 互联网节目中心的主要产品 ⋯ 59
### 5.3 SMG 的创新：完全市场化的运营机制 ⋯ 63
### 5.4 SMG 互联网节目中心的创新价值：创新内容，满足用户，市场化运营 ⋯ 65

## 6 芒果 TV：打造原创自制内容和平台 ⋯ 68
### 6.1 独播的发展历程 ⋯ 68
### 6.2 芒果 TV 的产品 ⋯ 70
### 6.3 芒果 TV 的创新：独立制片人和工作室机制 ⋯ 72
### 6.4 对芒果 TV 独播战略的评价：独播并非适合所有平台 ⋯ 75

## 7 湖北广电长江云：面向地方的移动政务新媒体平台 ⋯ 78
### 7.1 长江云的艰难诞生 ⋯ 78
### 7.2 长江云的产品和功能 ⋯ 80
### 7.3 长江云的创新：发挥核心竞争力，深挖本土需求 ⋯ 82
### 7.4 创新评价：湖北模式背后的互联网思维 ⋯ 85

## 8 新京报"我们视频"：当短视频遇上严肃新闻 ⋯ 87
### 8.1 《新京报》做短视频的原因 ⋯ 87
### 8.2 "我们视频"的主要产品 ⋯ 89

8.3 突破纸媒局限的机制创新：尊重人才，扁平化管理 … 93

8.4 "我们视频"的创新价值：互联网时代仍然需要新闻专业主义 … 93

9 湖南红网：扎根人民群众，做好地方服务 … 96

 9.1 红网的发展历史 … 96

 9.2 红网的主要探索和实践 … 98

 9.3 红网的创新实践：接地气的地方新闻网站 … 101

 9.4 红网的创新价值：立足本地，服务用户 … 103

10 上海报业集团：区域性集团化发展模式 … 105

 10.1 上海报业集团的融合发展进程 … 105

 10.2 上海报业集团的主要新媒体产品 … 107

 10.3 融合中的创新：打造新型主流媒体集群 … 112

 10.4 上海报业集团的创新价值：推动集群的转型和发展 … 114

11 四川报业集团封面传媒：走在时代前沿的智媒体 … 116

 11.1 封面传媒的发展历程 … 116

 11.2 封面传媒的内容产品矩阵 … 117

 11.3 封面传媒的技术创新："智能+"产品生态 … 120

 11.4 创新价值：打造智媒体的标杆 … 125

12 腾讯：让社交成为一种生活方式 … 127

 12.1 腾讯的发展历史 … 127

 12.2 腾讯主要社交产品介绍 … 129

 12.3 腾讯的融合创新：几种战略武器 … 133

 12.4 腾讯的创新评价：用户至上的理念 … 136

## 13 二更：用互联网思维传递主流文化 … 138

13.1 二更的发展历史 … 138

13.2 二更的短视频产品 … 141

13.3 二更的融合创新：合作运营战略 … 144

13.4 二更短视频的创新价值：用互联网思维传递主流文化 … 147

## 14 梨视频：中国故事供应商 … 149

14.1 梨视频的诞生和发展 … 150

14.2 梨视频的内容产品 … 151

14.3 梨视频的创新：全球最大的拍客系统 … 154

14.4 梨视频的创新思考：如何打造日益完善的拍客系统 … 157

## 15 今日头条：领先全球的算法技术 … 160

15.1 今日头条的发展历程 … 160

15.2 字节跳动的主要产品 … 163

15.3 今日头条的独门秘籍：算法技术和人工智能 … 168

15.4 今日头条的创新启示：开辟"蓝海"，走差异化创新道路 … 170

## 16 抖音：让人上瘾的魔性软件 … 173

16.1 抖音的发展历程 … 174

16.2 抖音的产品和功能介绍 … 175

16.3 抖音的创新：强中心化的运营模式 … 179

16.4 抖音的运营启示：同质化内容多，监管有难度 … 181

## 17 快手：普通人的记录和分享平台 … 184

17.1 快手的发展历史 … 185

17.2 平权观念下的快手产品 ··· 187

17.3 快手的创新：去中心化的运营模式 ··· 191

17.4 快手的创新评价：构建从去中心化到再中心化的内容生态 ··· 192

## 18 喜马拉雅：中国第一音频平台 ··· 194

18.1 喜马拉雅发展简史 ··· 194

18.2 喜马拉雅的主要产品 ··· 197

18.3 喜马拉雅与知识付费 ··· 199

18.4 喜马拉雅的创新价值：开辟用户时间消费"蓝海"，PUGC 模式具有可持续发展力 ··· 203

## 19 映客：中国最大的全民直播平台 ··· 205

19.1 映客迅速成长的原因 ··· 205

19.2 映客的直播内容及管理 ··· 208

19.3 映客的创新：全民直播的兴起和普及 ··· 211

19.4 对映客的评价：借力全民直播，构建直播生态链 ··· 212

## 20 B 站：年轻人的二次元文化社区 ··· 214

20.1 B 站的发展历程 ··· 214

20.2 B 站的主要内容及其特征 ··· 218

20.3 B 站的独特之处：二次元和弹幕文化的突破 ··· 221

20.4 B 站的影响及创新价值：构建新一代青少年的精神家园 ··· 223

## 21 蓝海云平台：对外传播的融媒体创新 ··· 225

21.1 蓝海云平台成立的背景和发展历程 ··· 226

21.2 蓝海云平台的主要产品和功能 ··· 227

21.3 蓝海云平台的创新：讲述西方受众喜欢的中国故事 … 231

21.4 蓝海云平台的创新价值：融媒体对外传播 … 234

**参考文献** … 237

**后　记** … 239

# 1 媒体融合发展历史及相关概念

## 1.1 媒体融合发展历史

媒体融合伴随互联网技术的发展而诞生。自20世纪90年代后期开始,一些媒体就有了融合或转型的实践。2014年8月18日,党中央通过《关于推动传统媒体和新兴媒体融合发展的指导意见》,将媒体融合上升为国家战略。因此,2014年被称为"中国媒体融合发展元年"。虽然在实践中很难对媒体融合的发展阶段进行标准和清晰的阶段划分,但根据学界和业界的一些提法,我们将截至2020年5月的媒体融合发展历史大致分为三个阶段。

### 1.1.1 自主探索阶段——你就是你、我就是我

媒体融合的开始,表现为传统媒体创办电子版或者是自己的网站。1997年1月1日,《人民日报》创办电子版,即人民网的前身。1999年12月,《广州日报》成立大洋网,成为中国大陆最早在互联网上提供新闻资讯的三家媒体之一。2009年12月28日,中国网络电视台(CNTV)正式开播,标

志着网络与电视全面融合的开始。2012年党的十八大召开期间,新华网、人民网等权威网络媒体和新浪、腾讯等门户网站纷纷推出手机新闻客户端。2013年10月,上海最大的两家报业集团——解放报业集团和文汇新民联合报业集团——宣布合并。2014年5月,湖南广播电视台实行芒果TV独播战略,以此打造自己的互联网视频平台。2014年6月12日,人民日报客户端上线。

网络的影响力逐步扩大,传统媒体的受众和广告明显被分流。从电视与网络的融合来看,在2012年以前,电视还处于主流位置,优势明显优于网络。网络的出现延伸了传统媒体的内容,带来了受众的互动。2013年,爱奇艺、优酷、土豆等一些视频网站的影响力逐渐扩大之后,不满足当一个播出媒介,不少网站开始购买电视剧的独播版权,分流电视观众。芒果TV发布版权独播声明,爱奇艺则在2016年以2 400万元买下韩剧《太阳的后裔》的独播版权,播放量达到49.3亿。排播该剧期间,爱奇艺付费会员骤增50%。光会员费一项,《太阳的后裔》就为爱奇艺带来1.9亿元的收入[①]。

社交媒体发展成熟后,传统媒体开始尝试通过社交媒体发布自己的新闻或产品,试图借船出海。2004年Facebook成立,2005年YouTube成立,随后Twitter、Instagram、Snapchat相继成立。在中国,2005年成立的人人网、2008年成立的开心网拉开了中国社交网络的大幕。2009年8月,新浪推出微博产品,140字的即时表达,图片、音频、视频等多媒体支持手段的使用,转发和评论的互动性,使得这类产品迅速聚合了海量的用户群。

在社交媒体上发布的内容可以通过多种形式弥补电视新闻中无法呈现的信息,充分利用网络的互动性特征,加强与用户的交流,全方位阐释报道,让用户获得更多信息。例如,2012年中央电视台开始打造"两微一端":微博主打首发,微信注重互动,客户端发布视频。三管齐下的格局,很好地补充了电视节目单一的报道形式,有助于"一云多屏"传播体系的

---

① 《爱奇艺靠〈太阳的后裔〉增付费会员500万进账1.9亿》,新华网,http://www.xinhuanet.com/world/2016-03/27/c_128837215.htm,2016年3月27日。

构建。

然而,胡正荣、郭全中等学者认为,这个时候媒体还未达到真正的融合。PC互联网时代,传统媒体将报纸、电视上的内容放在网络上重新发布一遍;有了移动客户端以后,传统媒体还是将其内容放在移动客户端上重新发布一遍,只不过有些做了剪辑和删减。互联网虽然为传统媒体内容的发布增添了一个渠道,但网络或社交媒体的内容多从传统媒体上照搬照抄,这并不能算作真正的融合。电视和网络基本还是"你就是你、我就是我",各自有各自的机制和体制,各家干各家的,换汤不换药。

### 1.1.2 全面推进阶段——你中有我、我中有你

2014年8月18日,中央全面深化改革领导小组第四次会议审议通过《关于推动传统媒体和新兴媒体融合发展的指导意见》,提出推动传统媒体和新兴媒体融合发展,要遵循新闻传播规律和新兴媒体发展规律,强化互联网思维,坚持传统媒体和新兴媒体优势互补、一体发展,坚持先进技术为支撑、内容建设为根本,推动传统媒体和新兴媒体在内容、渠道、平台、经营、管理等方面的深度融合,着力打造一批形态多样、手段先进、具有竞争力的新型主流媒体,建成几家拥有强大实力和传播力、公信力、影响力的新型媒体集团,形成立体多样、融合发展的现代传播体系。媒体融合正式上升到国家战略层面。在这一指导意见的引领下,媒体融合加快发展步伐。2014年和2015年是传统媒体试图通过自身整合或与新媒体融合寻求突破发展的重要的两年,传统媒体开始尝试与新媒体的深度融合。

2014年10月29日,国家互联网信息办公室和国家新闻出版广电总局联合下发《关于在新闻网站核发新闻记者证的通知》。

2014年,一些报纸宣布停刊,与此同时,一批新媒体陆续上线。例如,6月,新华社客户端新版发布;7月,上海报业集团打造的重大项目澎湃新闻上线;9月,湖北新媒体云发布;10月,《四川日报》和阿里巴巴合作成立的封面传媒正式上线。这些从传统媒体中诞生的新媒体机构成为面向市场运营的

一批独立的互联网公司。

一些传统媒体渐渐发现,如果仅仅把传统媒体的内容照搬到 PC 端或者移动客户端,并不能有效扩大自己内容的传播量,因此还需要针对互联网用户打造原创内容。由此出现了一批融媒体节目、短视频和移动直播等产品。例如,文化类节目《朗读者》开播三个月,新媒体视频播放总量达 9.7 亿次,音频收听破 4.25 亿次,体现网友搜索热度的微信指数最高达 2 400 万,形成现象级传播效果[1]。《中国诗词大会》在播出过程中采用全媒体互动策略,利用多媒体、移动客户端,实现实时多屏传播。《中国舆论场》利用客户端汇聚全球用户在节目中实时互动,引起强烈反响。《见字如面》首先在腾讯视频播出单曲形式的节目,抢占新媒体的先机,而后才在黑龙江卫视播出电视版本。这一方面是适应融媒体环境,对台网联动的灵活运用;另一方面,这种创新也是基于对自己节目的信心。《春节联欢晚会》为了让自己更接地气,与微信合作发起"摇红包"活动,吸引了大批流失的观众。

为了吸引移动端的用户,打造与传统媒体有差异的内容,中央电视台、新华社和《人民日报》几大主流媒体开始制作适用于移动端播出的原创短视频。央视新闻微视频《习近平总书记的一天》直观再现了 2016 年 9 月 4 日习近平总书记 15 小时出席 G20 杭州峰会 19 场活动的快节奏的一天,在视频推出后形成现象级传播,全网播放量 1.2 亿以上[2]。2016 年,新华社推出短视频《红色气质》,用 9.5 分钟的片长浓缩了中国共产党建党 95 年的历史,还结合 3D 等高科技手段,全网播放量 10 亿以上[3]。《国家相册》、《初心》、《大道之行》等都成为爆款产品,引领了短视频发展的潮流。

这一阶段的融合基本上以行政手段促成。在国家战略的指导下,媒体各自建立了初步的模式,有了融合的做法和途径。但是有的尝试还比较粗浅、生硬,基本没有找到比较有效的方法,而且媒体融合没有真正按照市场规律

---

[1] 清博大数据:《央视现象级节目〈朗读者〉全网大数据研究分析白皮书》,清博大数据,http://home.gsdata.cn/news-report/articles/1797.html,2017 年 5 月 24 日。
[2] 资料来源:中央广播电视总台新闻新媒体中心。
[3] 资料来源:中国广视索福瑞媒介研究公司融合传播部。

来进行,在效果上并不十分显著。

### 1.1.3 深化融合阶段——你就是我、我就是你

中央媒体加快推进传统媒体与新兴媒体在内容、渠道、平台、经营、管理等方面的深度融合和一体化发展,不仅巩固了自身作为传统新闻舆论重镇的地位,还把传统媒体的影响力向网络空间延伸,在媒体融合的浪潮中占得先机。2017年以后,传媒业的融合开始迈向加速度阶段,媒体融合进入深水区。这种加速度主要体现在媒体形态、组织架构、人才管理机制等多个方面。

2016年2月,《人民日报》开始启动"中央厨房"融合发展战略。2017年全国两会期间,"中央厨房"正式开始运营,设立总编调度中心,建立采编联动平台,统筹采访、编辑和技术力量,"报、网、端、微"一体联动,建立移动优先、PC做全、纸媒做深、多次生成、多元传播的"策采编发"新流程。人民日报"中央厨房"建成后,开始在媒体领域大面积推广。《经济日报》、《中国青年报》等一大批媒体也开始推行一体化运营的"中央厨房"。媒体融合的实践表明,要实现真正意义上的融合,仅体现在项目、产品层面是不够的,必须打破现有发展模式和利益格局,真正实现产品背后的流程、架构、管理等各个环节的融合,从制度层面、组织层面推动深层次融合。在所有组织架构更改、融合重组的现象背后,是变革带来的痛彻心扉与脱胎换骨。

2017年2月19日,习近平总书记在人民日报社、中央电视台、新华社三大中央媒体进行调研。随后,这三大中央媒体同时布局移动直播圈:中央电视台推出央视新闻移动网,新华社推出现场云,人民日报社推出人民直播。从央视新闻移动网矩阵号来看,2018年年初,有142家广电机构入驻央视新闻移动网矩阵号。全国两会期间,该矩阵号共推出直播243场,累计触达人数4.6亿,在线观看人数2.25亿[①]。

---

① 资料来源:中央广播电视总台新闻新媒体中心。

2017年，VR/AR等一系列新技术开始推广应用。党的十九大期间，我国中央及地方媒体充分运用VR、360度全景等技术推出一系列融媒体产品，通过传统报道方式与新媒体传播手段的协同发力，增强报道效果，涌现出一批传播广、点击量高、口碑好的融媒体作品，若干爆款点击量过亿，甚至过10亿，受到网民追捧。

2017年，人工智能成为企业的热点投资领域，基于人工智能技术的媒体产品成为国内媒体形式转型发展的主要焦点。中央媒体在信息化传播方面开始启用智能机器人，开启传媒领域的智能时代。

2018年3月，中央电视台(中国国际电视台)、中央人民广播电台、中国国际广播电台三台合一，组建中央广播电视总台，作为国务院直属事业单位，归口中央宣传部领导。这是广播电视媒体发展的一个风向标，表明广播电视在国家战略中的地位得到明示。

2018年10月，在中央"打通媒体融合最后一公里"的号召下，一场全国推进的区县级融媒体中心大建设全面拉开。区县级融媒体建设既是区县级媒体转型的需要，也是国家主导区县级舆论阵地的需要。区县级媒体如何融合，各省各地可因事因地制宜，而"中央厨房"是大部分区县级融媒体中心建设的主要战略。

由于"中央厨房"的普及，传统新闻业务和新媒体业务采编流程达到高度融合统一，使从前传统新闻采编和新媒体业务"两张皮"的现象从"你就是你、我就是我"转变成为"你就是我、我就是你"的深度融合状态。

2019年1月25日，习近平总书记在中共中央政治局第十二次集体学习中肯定了近年我国媒体全行业开展的以先进技术为基石、以内容建设为核心、内容平台渠道管理多点创新的融合探索所取得的成果。值得关注的是，习近平在讲话中再次重申推进媒体融合、构建全媒体格局的迫切性，并且为传统媒体的融合变革提供了切实可行的思路和方案。这标志着我国媒体融合建设已经迈向加速建设的新阶段。

## 1.2 媒体融合相关概念辨析

### 1.2.1 媒体融合

媒体融合又称媒介融合(media convergence),最早由美国计算机科学家、麻省理工学院媒体实验室创办人尼古拉斯·尼葛洛庞帝于 1978 年提出[①]。他认为,广义的媒体融合包括一切媒介及其有关要素的结合、汇聚、融合,也就是说,把报纸、电视台、电台等传统媒体与互联网、手机、手持智能终端等新兴媒体传播通道有效结合起来,资源共享、集中处理,衍生出不同形式的信息产品,然后通过不同的平台传播给受众。经过众多学者的推动,20 世纪 90 年代后,媒体融合已成为一个明确的概念,在欧美新闻传播领域得到广泛的关注和应用,含义不断得到扩展[②]。

我国媒体融合研究的兴起,一般认为从中国人民大学蔡雯教授 2005 年发表《新闻传播的变化融合了什么——从美国新闻传播的变化谈起》(原标题为《融合媒介与融合新闻——从美国新闻传播的变化谈起》)之后开始。蔡雯将媒介融合概括为:"在以数字技术、网络技术和电子通讯技术为核心的科学技术的推动下,组成大媒体业的各产业组织在经济利益和社会需求的驱动下通过合作、并购和整合等手段,实现不同媒介形态的内容融合、传播渠道融合和媒介终端融合的过程。"[③]

在媒体融合的发展过程中,融媒体、智媒体、全媒体等是不同的发展阶段。

---

[①] 1978 年,尼葛洛庞帝在《媒体实验室:在麻省理工学院创造未来》一书中,首次提出"media convergence"的概念,提出计算机、网络技术、出版印刷、广播电影电视等不同工业正在走向融合的判断。参见张小强、郭然浩:《媒介传播从受众到用户模式的转变与媒介融合》,《科技与出版》2015 年第 7 期。

[②] 张小强、郭然浩:《媒介传播从受众到用户模式的转变与媒介融合》,《科技与出版》2015 年第 7 期。

[③] 蔡雯、王学文:《角度·视野·轨迹——试析有关"媒介融合"的研究》,《国际新闻界》2009 年第 11 期。

融媒体是充分利用媒介载体,把广播、电视、报纸等既有共同点又存在互补性的不同媒体,在人力、内容、宣传等方面进行全面整合,实现资源通融、内容兼容、宣传互融、利益共融的新型媒体。融媒体比较关注媒体之间融合的过程。它带来的最重要的一个影响是媒介之间的边界由清晰变得模糊,因此打通是融媒体时代创新的关键。

智媒体是在大数据和人工智能出现以后产生的概念,指的是用人工智能技术来重构新闻信息生产与传播全流程的媒体。智媒体以互联网为基础,依托不同智能终端,结合云计算与云存储等新的技术,让用户可以快速地判断、分析和截取想要的内容。它可以利用情感感知计算,分析信息消费者的环境、行为和偏好,提供与用户需求相匹配的内容、产品和服务,以提升消费者的用户体验。它更注重人工智能技术方面的特性,基于机器学习等人工智能技术和大数据,更好地建立用户连接,形成生态系统。

相比而言,全媒体是媒体融合发展到更高阶段的产物,是媒体融合的根本目的和最终成果。它指媒介信息传播采用文字、声音、影像、动画、网页等多种表现手段,利用广播、电视、音像、电影、出版、报纸、杂志、网站等不同媒介形态,通过融合的广电网络、电信网络和互联网络进行三网融合的传播,最终实现用户以电视、电脑、手机等多种终端均可完成信息的融合接收(三屏合一),实现任何人、任何时间、任何地点、以任何终端获得任何想要的信息。它强调的是综合运用多种媒体的表现形式,并且视单一形式为全媒体中"全"的重要组成。全媒体的概念比融媒体更升级、更全面、更完整,是未来媒体的基本状态和格局。

全媒体也是一个体系。习近平总书记曾经指出,全媒体包括全程媒体、全息媒体、全员媒体、全效媒体等。信息无处不在、无所不及、无人不用,导致舆论生态、媒体格局、传播方式发生深刻变化,也使新闻舆论工作面临新的挑战。这是对现代传播环境和媒体特点的一个全新的、全面的论述。

所谓"全程",是指客观事物运动的整个过程都会被现代信息技术捕捉、记录并存储。这属于时空维度。

所谓"全息",意指媒体信息格式多元,如文字、图片、音频、视频等。

所谓"全员",是指社会方方面面各种主体(个人、各类机构等)都在通过网络进入社会信息交互的过程中。

所谓"全效",是指媒体功效的全面化。

当前,建设"四全"媒体是我国大力推进传统媒体和新兴媒体融合的实践产物,是媒体融合发展的必然趋势。

### 1.2.2 互联网思维

互联网的技术特征在某种程度上影响到经济、政治逻辑和人们的思维方式。"互联网思维"一词最早由百度创始人李彦宏提出。互联网思维,就是在(移动)互联网+、大数据、云计算等科技不断发展的背景下,对市场、用户、产品、企业价值链乃至整个商业生态重新审视的思考方式。[①]

互联网思维中所指的互联网指的是泛互联网概念,即跨越各种终端设备的,台式机、笔记本、平板、手表、眼镜等等包含互联网功能的终端和渠道。

互联网思维是一种在互联网状态下诞生的思维方式。笔者认为,其主要特点可以归纳为五个方面。一是便捷,即让用户能够更为方便地获取信息和资源。二是表达和参与,即人人拥有在网上表达意见的权利。三是免费,尽可能让用户享受免费的好处。四是数据分析,随着大数据时代的到来,数据分析预测对于提升用户体验有非常重要的价值。五是用户体验,即让用户感觉舒适和满意。

### 1.2.3 "中央厨房"

"中央厨房"理念源于餐饮业,原本指的是追求标准化与工业化的生产模式,立足规模性的餐饮领域,将采购、加工及配送进行全面统一,进行集约化

---

① 百度百科"互联网思维", https://baike.baidu.com/item/%E4%BA%92%E8%81%94%E7%BD%91%E6%80%9D%E7%BB%B4/12028763?fr=aladdin。

经营管理。这样可以在提升效率的同时,降低投入,保障品质。全媒体借用"中央厨房"这一概念,比喻在新闻传播领域运用标准化、集约化的生产与分发模式,构建能够满足多种介质特征的全媒体信息处理平台。

2017年1月5日,中宣部时任部长刘奇葆在推进媒体深度融合工作座谈会上特别指出,"中央厨房"既是硬件基础和技术平台,也是大脑和神经中枢,应具备集中指挥、采编调度、高效协调、信息沟通等基本功能。

"中央厨房"通常有一个被称为"神经中枢"的总控——融媒体工作室。它的主要功能是打破传统新闻生产制作流程,重构新闻运行流程,集采访、编辑、后期和新媒体于一体,打通各个流程和渠道,实现一体化采编、一体化发布、一体化运营。它实现了对编辑部模式的改造和编辑指挥系统的重大转型,具有三大特征。

第一,拥有高度统一的技术平台。对于"中央厨房"而言,需要建立具有共享性质的平台,实现多种媒体形式的融合,达到高度集成的状态。

第二,采取统一采制的模式。"中央厨房"需要将传统媒体与新媒体进行混合编制,形成大编辑部,对采编流程进行全面创新。在单一采集信息完成后,打造多种形态的内容产品。

第三,产品呈现方式多元化。对传统媒体与新媒体的生产线和生产能力全面整合,最终形成多种形式的产品,如纸媒、互联网、客户端等。

"中央厨房"最早由人民日报社搭建。随后,全国各地传统媒体纷纷建设"中央厨房"。尤其在区县级融媒体中心的建设中,基本都以"中央厨房"作为自己的发展战略。各地的"中央厨房"虽不尽相同,但"新旧融合、一次采集、多种生成、多元发布、全天滚动、多元覆盖"却是媒体实践中的基本共识。

### 1.2.4 "两微一端"、移动优先和借船出海

"两微一端"是媒体融合的早期形式,指的是媒体微信公众号、媒体微博和媒体客户端。在传统媒体没有创办好自己的新媒体平台之前,多借助微

博、微信、客户端发布内容,可以将内容传播得更远和更广,也叫作借船出海。

移动优先指的是媒体或者企业将移动客户端当作自己的首要内容发布渠道,优先于报纸、广播或者电视端发布内容。移动优先也是媒体早期的融合战略,移动端通常与传统平台的内容相呼应。

### 1.2.5 短视频、移动直播和 MCN

短视频、移动直播和 MCN 是媒体融合在内容呈现形式方面的体现。短视频和移动直播的出现表明移动端已成为用户主要的信息消费方式。

短视频指的是长度在 8 分钟之内,大部分在 5 分钟之内的视频,但究竟多短并没有一个绝对标准。它基于移动端智能精准分发,在 PC 端、Pad 端和手机端均能播出,并且具有适宜社交分享的属性,以及分享、评论、转发等多种功能。

短视频自 2014 年在国内出现以后,呈现蓬勃发展之势。2016 年,短视频成为新的"风口",一批传统媒体和内容制作机构纷纷开始制作短视频,一批爆款在网上蹿红。随后,短视频发布平台和制作机构不断涌现,短视频用户规模增长迅速,融资领域也出现井喷趋势。短视频已经成为媒体融合的一种重要产品。

短视频按照内容形态有 PGC 和 UGC 之分。PGC(professional generated content,专业生产内容)短视频指的是专业机构制作的短视频,UGC(user generated content,用户生产内容)短视频指的是用户自己制作并上传的短视频。之后又出现了 PUGC(professional user generated content,专业用户生产内容)和 UPGC(user professional generated content,用户与专家生产内容)的方式。

微视频是短视频的另外一种称谓。通常来说,我们将时政类短视频称为微视频。

随着硬件水平的不断提高,全民直播时代来临,人人都可以成为主播。直播大致可以分为秀场直播、游戏直播和移动直播。移动直播指的是在移动端口发起的直播节目,实现了视频直播的实时分享。基于互联网带宽传输的便利和智能手机的普及,用户可以利用直播软件随时随地向观众直播自己的生活、工作、学习状况。我国最早的移动直播平台包括映客、花椒、易直播等。2016年被称为"移动直播元年",不少平台开始尝试新闻直播、综艺直播、财经直播等。

与短视频和移动直播相关的一个概念是 MCN(multi-channel network),指的是一种多频道网络的产品形态,它将 PGC 联合起来,在资本的有力支持下,保障内容的持续输出,从而实现商业的稳定变现[①]。在这个层面,内容创作从个体户的生产模式到规模化、科学化、系列化的公司制生产模式。所有帮助内容生产者的公司都可以被称为 MCN 公司。新片场、罐头视频、洋葱视频、二更等都是中国较为出众的 MCN 公司。

### 1.2.6  云平台和大数据

"云"概念是基于云计算技术而产生的。"云"指的是各种终端设备之间的互联互通。用户享受的所有资源、所有应用程序全部都由一个存储和运算能力超强的云端后台来提供,这个后台也叫作云平台或者云计算平台。云平台是指基于各种硬件资源和软件资源的服务,提供计算、网络和存储能力的软件平台。

云平台的存在离不开大数据的支持。大数据是一种规模大到在获取、存储、管理、分析方面远超传统数据库软件工具能力范围的数据集合,具有海量的数据规模、快速的数据流传、多样的数据类型和价值密度低四大特征。大数据的特色在于对海量数据进行分布式的挖掘,但它必须依托云计算的分布式处理、分布式数据库和云存储、虚拟化技术。从技术上看,大数据和云计算的关系就像一枚硬币的正反面密不可分。

随着云时代的来临,大数据吸引了越来越多的人的关注。大数据技术的

---

① 转引自《内容创业火了　MCN 是下一个风口?》,界面新闻,https://www.jiemian.com/article/1145450.html,2017 年 3 月 2 日。

战略意义不在于掌握庞大的数据信息,而在于对这些含有意义的数据进行专业化的处理。换言之,如果把大数据比作一种产业,那么这种产业实现盈利的关键在于提高对数据的加工能力。适用于大数据的技术包括大规模并行处理数据库、数据挖掘、分布式文件系统、分布式数据库、云计算平台、互联网和可扩展的存储系统。

在媒体融合中,大数据和云平台已经无所不在。一些媒体依托大数据系统建立了自己的"云端",比如新华社的现场云、湖北广电的长江云、蓝海传媒集团的蓝海云等。这些云平台汇聚所有用户资源和应用程序,支持云端的内容采集、发布和整合运算。一些媒体在"中央厨房"的建构中需要用到大数据和云平台来操纵整个"中央厨房"的运转,一些媒体在打造智媒体的过程中更需要依靠大数据来开发智能机器人等多种功能,众多互联网公司采用的算法推荐和人工智能都依赖于强大的大数据分析能力。

### 1.2.7　5G新媒体平台

5G是"第五代移动通信技术"的简称,是最新一代蜂窝移动通信技术。相较于4G,它有更高的数据数率、更少的延迟,能够节省能源、降低成本、提高系统容量和大规模设备连接。

5G的出现是划时代的里程碑,它能够让媒体融合走得更远。由于带宽和速度的大幅增加,5G技术将对传统媒体带来几个方面的变化。一是动态和互动式的全媒体将大量出现,媒体内容将从平面视频的录播,发展到提供沉浸式体验的实时互动多播。二是可容纳更多的个性化服务,借助5G网络架构的改变和分布式的缓存技术,内容投入更容易定制化,移动互联网和智能手机终端的结合催生了内容的个性化推送。三是5G的物联网、车联网的应用,让媒体从居家客厅、商场、宾馆渗透到更多的移动、广域、大尺度的分发场合。四是5G上的内容更容易管控,5G的网络切片与边缘计算功能可以为媒体提供专用资源,对网络自媒体的内容监管会更加准确和奏效。

2019年,中央广播电视总台打造了全国第一个5G新媒体平台,这是总台与中国移动、中国电信运营商和华为公司合作而产生的5G高宽带承载运营的新媒体平台,它将在传输发布内容和打造聚合平台方面起到关键作用。将来,5G还将被运用到越来越多的媒体当中,成为全媒体创新的加速器和催化剂。

## >>> 2 《人民日报》：建成国内第一个"中央厨房"

《人民日报》在媒体转型中，最大的贡献是建成了国内第一个"中央厨房"。此后，《人民日报》的"中央厨房"被广泛借鉴和复制，成为全国各地传统媒体的"标配"和"样板间"。人民网总裁叶蓁蓁认为，"中央厨房"的诞生，不仅是在推动传统媒体和新兴媒体融合发展中《人民日报》自身的探索，更是中央根据媒体生态和舆论格局深刻变化作出的战略决策[①]。

### 2.1 人民日报"中央厨房"诞生的背景

"中央厨房"的理念，十多年前就已经在一些媒体中风行。2007年6月，《广州日报》成立滚动编辑部，负责报纸、手机和网站三个部门联动发稿。这些新闻经过简单编辑就成为手机和网站上即时滚动的新闻。这应该是最早的全媒体平台，也就是"中央厨房"的雏形[②]。2008年年初，国家新闻出版总署

---
① 叶蓁蓁：《人民日报"中央厨房"的诞生与探索》，2018年5月15日，转引自新浪微博"人民网研究院"，2018年5月22日。
② 陈国权：《人民日报"中央厨房"迄今只运行了17次》，微信公众号"传媒转型"，2016年10月7日。

全面启动全媒体数字采编发布系统工程,确定几个报业集团为报纸全媒体出版领域的应用示范单位,进行数字复合出版的研发和试点。烟台日报传媒集团开发了全媒体数字采编发布系统,记者采集的包含文字、图片、音频和视频等新闻素材全部放入全媒体数据库,集团内部的各子媒体、报纸、杂志、网站、手机报等根据需要对这些素材进行二次加工,生产出各种形态的终端新闻产品。之后,全国相继有一些传媒集团开发了这种全媒体复合出版平台,解放日报报业集团、浙江日报报业集团、宁波日报报业集团、北京日报报业集团、南方日报传媒集团等都采用这种模式。其核心是"一鱼多吃",即"一次采集、多种生成、多元传播"。这与现在的"中央厨房"的理念是一致的。

  这种模式在 2010 年之后逐渐淡出视野。究其原因,它除了导致集团内部子媒体的同质化之外,更重要的原因在于全媒体平台的可适用范围。实践发现,"中央厨房"似乎只适用于在一些重大报道中的内容共享,但其尝试不能够常态化和普及化,因为每个媒体所处的位置、扮演的角色、拥有的资源都不一样,中央媒体可以成功运行,但省市级媒体不一定。《中国记者》杂志主编陈国权认为,媒体融合不能适用于所有的报道形式,在现在媒介组织管理形势下,在某些方面实现媒体融合要比全盘融合更加现实,也更具有实际价值。《人民日报》的"中央厨房"可以有 400 多家媒体、企业和机构接入,但省市级媒体恐怕做不到。这就是《广州日报》和烟台报业集团在当时没有把"中央厨房"做起来的原因。

  《人民日报》在融合发展新战役打响前,已经先厘清了自己的基本盘。截至 2016 年年底,人民日报社共拥有 29 种社属报刊、31 家网站、111 个微博机构账号、110 个微信公众账号和 20 个手机客户端,成为拥有报纸、杂志、网站、电视、广播、电子屏、手机报、微博、微信、客户端等十多种形态和 320 个终端载体的媒体集团,覆盖总用户超过 6.35 亿。人民日报社早已不只有一份报纸,而是一个全媒体形态的"人民媒体方阵"。虽然旗下有这么多产品,但是《人民日报》当时的生产能力主要集中于图文等静态产品,在音视频等动态内容方面缺乏平台支撑。同时,各媒体单元间尚未实现打通和整合,基本还处于单兵作战和分散管理的状态,离真正的媒体矩阵还有差距。要建设形态多样、手段先进、具有竞争力的新型主流媒体,就必须解决好上述问题:在内容和信息产品的组织生产上更富效率、更有针对性,在传播手段和渠道上应该更加多样、更加灵活、更有渗透力,在媒体技术方面应该体现出先进性,在商业模式方面有较强的盈利能力。

随着《关于推动传统媒体和新兴媒体融合发展的指导意见》的发布和习近平总书记在党的新闻舆论工作座谈会上的讲话的发表,人民日报社立即响应,主动探索,决定建设一批重点项目,"人民日报全媒体平台"("中央厨房")成为其中的基础项目和战略引擎。

这个完整的、综合的融合体系,既不是单纯的技术平台,更不是简单地把报、网、端、微的业务捏合到一起,而是由技术平台、业务平台、空间平台组成的综合平台。其中,最关键的是由一套全新的组织架构、业务流程和运行机制所构成的业务平台。

## 2.2 "中央厨房"的分类与发展现状

### 2.2.1 "中央厨房"的分类

随着人民日报"中央厨房"模式的发展与逐渐成熟,在"一次采集、多种生成、多元传播"的核心理念下,"中央厨房"发展成为不同的业态与形式。从目标诉求来看,"中央厨房"可分为两大类——聚合型"中央厨房"和内控型"中央厨房"。

#### 1. 聚合型"中央厨房"

聚合型"中央厨房"是指以打造聚合平台为目的,通过搭建平台聚合其他媒体、单位的内容生产资源,再将内容分发给其他媒体、单位的生产模式。人民日报"中央厨房"是这种"中央厨房"的典型,先为《人民日报》内部的各子媒体服务,又通过版权合作、技术合作等方式与其他媒体和单位共享产品,提供服务和资源。人民网总裁叶蓁蓁认为,互联网平台是一个海量内容池,单个传统媒体所提供内容的种类、品质已经跟不上用户需求,需要通过内容共享、技术共享、渠道共享,把媒体行业变成一个大的协作体。这应该是内容聚合平台"中央厨房"的核心要义。

<u>2. 内控型"中央厨房"</u>

很多媒体的"中央厨房"并没有聚合其他媒体或单位的打算,而是作为内部体制、机制再造的契机。

这一类"中央厨房"通过合并部门成立全媒体新闻中心,整合各部门的资源,把媒体集团内部各子报、部门以及新媒体部门的记者、编辑、视觉、技术人员集中起来,进行统一管理、指挥、调度。例如,经济日报"中央厨房"建成了可以容纳上百人同时办公的全媒体中心;羊城晚报报业集团全媒体采编平台指挥中心也是中央厨房式的构建;浙江日报报业集团的"媒立方"集舆情研判、统一采集、多种生成、多元分发、效果评估于一体;四川广播电视台跨平台整合了全台采访、编辑、技术力量,组建近百人的报道团队,统筹安排"大屏"电视栏目和全媒体产品矩阵的报道内容;《解放军报》的融媒体指挥中心、《中国青年报》的"融媒小厨"都是这种指挥型的中央厨房模式。在这些媒体中,"中央厨房"主要是机构整合的一种方式。

## 2.2.2 "中央厨房"的结构和功能[①]

2018年2月,中央电视台发展研究中心对人民日报"中央厨房"进行了实地调研。调研了解到,人民日报"中央厨房"占地面积3 217平方米,共分为四个工作面——核心指挥区、技术支持区、自由工位区、灵活工位区(见图2.1),其中,核心指挥区是"中央厨房"的核心。

核心指挥区占地900平方米。在物理布局上由三部分组成:一是位于中央区域的指挥调度中心;二是两侧的采编联动平台;三是可视化大屏。

---

① 本小节内容资料来自2018年2月中央电视台发展研究中心对人民日报"中央厨房"的实地调研。

## 2 《人民日报》：建成国内第一个"中央厨房" >>>

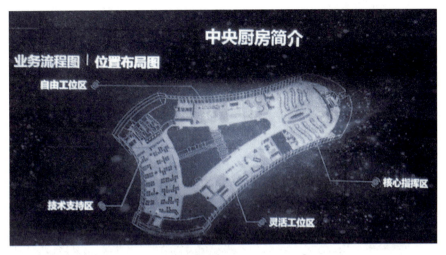

图 2.1 "中央厨房"的空间布局图①

指挥调度中心有一个椭圆形的指挥台（见图 2.2）。总编辑及人民日报报、网、端各个业务的负责人在此办公。他们需要在大厅中进行信息沟通、联络联动。指挥调度中心任务明确之后，具体的工作就在采编联动平台上展开。

图 2.2 指挥调度中心

---

① 本章图片全部由人民日报社提供。

19

采编联动平台(见图2.3)在指挥调度中心两侧,包含采访中心、编辑中心和技术中心。它既是一个有型的物理空间,也是一个业务平台(App软件)和技术平台。工作人员在该平台上可以随时根据具体项目建立任务群组,所有与任务群工作匹配的资料(视频、图片、通讯录、文字资料等)都可以在群组中共享。

可视化大屏(见图2.4)处于最为显著的位置,设有新闻线索、人民稿库、选题总览、互联网实时热点、传播效果追踪等十大模块,实时呈现大数据分析结果。

图2.3 采编联动平台

图2.4 可视化大屏

技术支持区(见图2.5)主要为"中央厨房"的业务板块提供软件支持和服务。技术中心与20多家公司合作开发应用技术支持工具,比如大数据与腾讯合作、核心系统与大洋合作等。数据中心拥有1000台服务器的内部机房,此外,还与腾讯、华为合作,在全球布有近80万台云服务器。

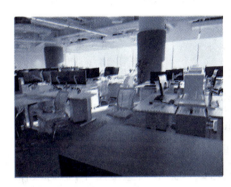

图2.5 技术支持区

## 2.3 "中央厨房"的创新探索:全流程打通的完整融合体系

"中央厨房"的根本意义,不是简单的"采编发"一体化稿库,而是全流程打通的完整融合体系。它不仅改变了新闻业务流程,还在机制运作上实现了彻底更新。

### 2.3.1 业务创新——再造新闻生产流程

以前,传统报纸和网络各自运行自己的新闻采编流程,资源互不共享,新旧仍然"两张皮",花费大量人力、物力却事倍功半。"中央厨房"利用自己的调度机制将台、网、端资源统合起来,统一调度分配,共享资源,节省资金,调动人员积极性,达到事半功倍的效果。

在人民日报"中央厨房"中,指挥调度中心起到大脑中枢的作用,是"中央

全媒体创新案例精解

厨房"日常运行的最高决策机构。在调度中心的指挥下,报、网、端、子报子刊各系统进行采编联动。调度中心负责宣传任务的统筹、重大选题的策划和采访力量的指挥。调度中心有两个重要会议:一是由总编亲自主持召开的每周一次的总编协调调度会,确定本周的重大报道计划;二是值班副总编辑每天上午主持召开的采前会,各报、网、端负责人参加并安排协调报道。通过这样总体部署的策划和采访,全部力量能有序执行各自被安排的任务,避免资源浪费和紊乱。

采编联动平台是"中央厨房"的常设运行机构,负责执行来自调度中心的指令,收集需求反馈,进行全媒体新闻产品的生产加工。其中,采访中心将《人民日报》、人民网的国内外记者团队全面打通,由传统媒体相应部门统一指挥。记者进行全媒体新闻产品的生产加工,生产的所有产品直接进入后台新闻稿库。这些稿件既可以作为成片直接发布,也可以作为素材进行二次加工。所有产品在社属媒体首发后,再向国内外合作媒体推广。

编辑中心由四大总编室(人民日报总编室、人民网总编室、两微一端总编室和统领所有子报刊的新闻协调部)人员构成。其工作职责是负责报、网、端等的终端分发和呈现。除了理论、评论、国际、文艺四大部分内容之外,所有的报纸版面均划由人民日报总编室统一管理。

依托"中央厨房",人民日报实现了报纸采编业务分开。采访力量统筹管理、打通使用,直接生产适合报纸和新媒体平台的各种新闻产品;编辑力量致力于将素材在各个端口分发和呈现。它不仅聚拢各方资源形成融合发展合力,也为整个传媒行业搭建了一个支撑优质内容的公共平台,改变了传统媒体的新闻生产模式。

以2017年全国两会报道为例,人民日报"中央厨房"首次常规化运行。成立全国两会采访统筹组,每天下午召开调度会,联系商量选题,"三端一体"发力,协作组织生产,打破体制瓶颈,拆除部门藩篱,出色地完成了"总书记下团组"、"部长通道"、"开幕式开放日"等相关报道,使《人民日报》要闻版和特刊的中投稿件、独家议题、特色策划在新媒体上得到充分的展示。新媒体的优秀产品也大量"倒灌"报纸，扩大了传播覆盖面。

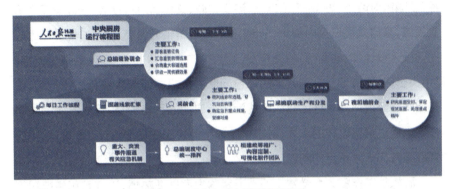

图2.6 "中央厨房"运行流程图

### 2.3.2 机制创新——融媒体工作室

为了重新激发内部员工的活力，人民日报"中央厨房"创新机制，另建了一条崭新的业务线——融媒体工作室。融媒体工作室是从业务功能角度出发，鼓励报、网、端、微的采编人员按照兴趣组合，采用项目制施工，实现资源嫁接和跨界生产，以充分释放全媒体内容的生产能力。这也是"中央厨房"从重大事件报道迈入常态化运行的全新尝试。

融媒体工作室采取"四跨+五支持"的机制。"四跨"即允许记者编辑跨部门、跨媒体、跨地域和跨专业，组织成为小规模的"战斗突击队"。"五支持"即为"中央厨房"提供资金、技术、推广、运营、经营方面的支持工作。这些融媒体工作室又被称为"内部创业小团队"，工作人员的分布不是由领导指定，而是根据自己的能力和兴趣进行选择，有的人员还来自人民日报之外。

成立小分队以后，由制片人带领内部团队制作有特色的内容产品。在制作流程方面，内部团队和个人均可以提出创意申请，媒体技术公司负责审核，一旦审核通过即由技术公司提供资金、技术、平台等资源。在机制上，人员各自保持报、网、端、微记者的身份不变，基本工资在原单位发放，绩效工资由新的使用单位考核评定,对"独家、原创、首发、深度"的稿件实行优稿优酬。

截至2019年年底,人民日报已开设"麻辣财经"、"学习大国"、"一本政经"、"国策对话场"等16个工作室,涉及时政、文化、教育、社会、国际等多个垂直领域,来自人民日报内部15个部门的60名编辑记者参与其中,媒体技术公司则投入设计师、动画师、前端开发、运营推广人员等共40多人的技术支持。"中央厨房"还有遍及全国各地的外包团队。只需要派专人进行质量把控,这些团队在经过严格筛选后随时可成为报社启用的后备力量,完成不同的技术任务。通过购买这样的人才,融媒体工作室解决了在动漫设计、H5设计、视频领域等方面人才不足的问题。

融媒体工作室大大激发了编辑记者的内容创业热情,工作室和传统报纸内容也产生了良性共振。工作室不仅基于《人民日报》版面原有内容进行拓展延伸,还生产了如音视频脱口秀、H5、图解等各类融媒体作品。不少工作室的优秀作品返回报纸版面,增加了报纸选题的丰富性和内容的可读性。例如,2017年全国两会期间,"一本政经"融媒体工作室推出动漫短视频《当民法总则遇上哪吒》,通过"胎儿哪吒受赠记"、"游戏装备找回记"、"见义勇为补偿记"等几个小故事,将民法总则草案中胎儿能否继承遗产、网游装备被盗法律管不管等与人们生活息息相关的问题进行了形象生动的解读,深受各年龄段用户的喜爱。视频推出5个小时内,观看量就已突破400万。

### 2.3.3　数据化、移动化、智能化的技术体系创新

"中央厨房"能够高速运转,与它背后的大数据系统息息相关。人民日报与腾讯达成合作,把腾讯的社交数据引入整个内容生产的过程中,同时自己的后台也监测100多家网站。人民网总裁叶蓁蓁认为,可以说,目前在媒体行业中,人民日报"中央厨房"后台的数据量和质量应该是最高的[①]。其数据支撑了以下几个功能:

---

① 赵新乐:《"50天"如何建成中央厨房?——人民日报社的实践带来启迪》,《中国新闻出版广电报》2017年5月2日第5版。

一是数据化。通过与腾讯合作搭建融合云系统,所有的新闻线索、选题策划、传播效果、运营效果都有了数据支撑。有了全网抓取的实时数据,全国各地发生的热点事件就能够及时地呈现。通过传播效果评估、新媒体运营、新媒体追踪和用户画像,每篇稿件都有了实实在在的效果评估和反馈。通过数据分析,媒体也可以深度了解用户的阅读行为和特征。

二是移动化。"中央厨房"所有技术产品的所有功能都能够通过数据支撑实现移动化,既可以在"中央厨房"的大厅使用,也可以在电脑、平板、手机上使用。

三是智能化。智能化是指"中央厨房"后台个性化推荐的公共引擎,可以帮助合作媒体的客户端实现个性化推荐,而且可以与人民日报的多个新媒体端口打通,互相把合适的内容推荐到各自的端口上去。这种合作模式就像一个超级的今日头条,但不同的是,所有的端口、流量、用户等都仍然属于各自媒体,用户感觉不到后台是谁。也就是说,厨房永远是后台,各家的端口才是餐厅①。

大数据为"中央厨房"的软件平台的内容分发、舆情监测、用户行为分析、可视化制作等提供支持。前后方采编人员时刻在线连接,各终端渠道一体策划,形成新媒体优先发布、报纸深度挖掘、全媒体覆盖的工作模式。

## 2.4 人民日报"中央厨房"的创新价值:媒体深度融合的"标配"和龙头工程

"中央厨房"与融媒体工作室一起,是媒体深度融合的"标配"和龙头工程,在中国媒体发展史上具有里程碑的意义。它触及许多深层次的改革:建立起适应于融合传播的策、采、编、发网络机制,再造新闻生产流程;变革运行机制和管理体制,使整个管理架构从过去的以报纸版面为中心转向报纸和新媒体齐头并进;强化互联网思维,体现移动优先和一体发展的理念。

---

① 赵新乐:《"50 天"如何建成中央厨房?——人民日报社的实践带来启迪》,《中国新闻出版广电报》2017 年 5 月 2 日第 5 版。

### 2.4.1 打造媒体融合"样板间"

"中央厨房"的出现究其本质是传统媒体机制体制的转变。"中央厨房"具体负责人叶蓁蓁曾经说过:"中央厨房"是一套机制,而不是一个机构。换言之,在人民日报社内,在所有原有部门保持架构不变的情况下,在这套机制下进行新的人力资源、内容资源整合就已经能够产生明显的效果。

事实证明了"中央厨房"的成效。继《人民日报》之后,一些媒体纷纷仿效打造融媒体中心,建设"中央厨房"。例如,《经济日报》于2017年正式启动全媒体中心,实行"一支队伍采集、多个平台生产、多个渠道分发、全部流程调度",形成对经济报道时、度、效的全流程调控,实现报、网、端从"相加"到"相融"的关键转变。南方报业集团打造"中央厨房2.0",实现全媒体一体化统筹,进一步完善采编联动机制。《光明日报》成立融媒体中心,将传统媒体与新兴媒体整合管理、整合运转,形成合力;组建系列融媒体项目工作室,打破以部门和版面为核心的工作机制;坚持一体策划、策划先行。

2017年以来,中央及部分省级媒体的融媒体中心逐渐完善并实现常态化运行。2018年到2019年,在中央"打通媒体融合最后一公里"的号召下,全国各地县级融媒体中心纷纷建立"中央厨房",带动自己的机制体制革新,推动广电媒体的扁平化管理,形成产品的全媒体化发布。《中国媒体融合发展报告(2019)》指出,我国媒体融合已由形式融合、内容融合升级至以体制机制融合为主要特征的融合3.0时代[①]。3.0时代融合的重要"标配"就是"中央厨房"及其带来的融媒体中心的一体化运作。

不过,"中央厨房"并非适合所有媒体。2018年以来,针对一些县级融媒体中心建设"中央厨房""村村点火、户户冒烟"的现象,一些媒体人士认为,一些城市电视台建设"中央厨房"的必要性并不大,"中央厨房"并不一定是流程再造的唯一模式,对于很多媒体来说,投入巨资来建全媒体平台,既不可能也

---

① 梅宁华、支庭荣:《中国媒体融合发展报告(2019)》,社会科学文献出版社2019年版。

无必要。一些"中央厨房"即使建起也会闲置。笔者认为,各地在创建"中央厨房"时,应该多一些理性思考,不能一哄而上,必须基于媒体自身发展状态、管理能力、认知水平、标准化程度来设计"厨房"的星级状态。一些学者提出,地方媒体或许可以采取"报团取暖"的办法,共同出资、共建平台,在分散投资风险、节约投资成本的同时,也提高了"中央厨房"的利用率。

### 2.4.2 提升新闻生产力

"中央厨房"对提升新闻生产力起到了显著的促进作用。

一是所再造的新闻生产流程提升了新闻生产效率,促进了资源合作和共享。一个记者采访后可以制作出适用于电视端、移动端、微博、微信等各个平台的全媒体产品,一个编辑可以在平台上剪裁适用于传统电视和新媒体端口的各种产品。让专业的人去做专业的事情,避免了资源的浪费,提高了新闻的生产力。

二是融媒体工作室的成立促成了体制和机制的转轨,体制机制转轨中最重要的是对人的活力的激发和利用。"内容比技术重要,团队比设备重要"是人民日报"中央厨房"秉持的理念。由于激发了记者编辑的积极性和创造力,融媒体工作室不断创新,生产出一批精品力作。例如,其策划制作的创意短视频《习主席来了》(*Who is Xi Dada?*)在人民日报 Facebook 账号首发后反响巨大,获得十余个西方国家主流媒体的专题报道。该作品获得第二十六届中国新闻奖国际传播类一等奖。在近年全国两会、"9·3"阅兵、G20 杭州峰会等重大事件报道中,由记者编辑策划、"中央厨房"提供技术支持的《VR 全景看阅兵》《总理给你送快递》《当民法总则遇上哪吒》等融媒体产品均成为社交媒体上的爆款。

三是以大数据和协同生产为核心的技术体系具备优质内容的智能化生产、精准化分发和推送的能力。具体包括:第一,具有全网热点发现和追踪能力。"中央厨房"能够对超过 5 万家核心网站、2 000 万个微博及全量的微信公众号进行自动聚合、热点追踪及舆情监测。每日可定向采集站点数将近 1 000

个,可采集文章数量超过1亿篇,生成超过200个热点话题,并且进行热度趋势、情感趋势、用户观点等多维度分析。第二,对原创内容的传播效果的精准抓取和分析能力。针对原创作品在网络的传播情况,实现多种量化指标及多维度的作品跟踪分析,每日可对人民日报社旗下近70家媒体站点进行定向监测,对1 000篇原创文章进行实时传播效果全网追踪。第三,个性化精准推荐服务能力。"中央厨房"可以结合全网用户数据和用户兴趣图谱,快速识别线上用户偏好,及时进行资讯内容的用户个性化精准推荐,实时推荐引擎时间小于200毫秒。

### 2.4.3 构建大开放、大协作的全新内容生态

依靠大数据平台的支撑和"中央厨房"的运作,人民日报构建了大开放、大合作的全新内容生态。

对内,人民日报拥有报纸、人民网、"两微一端"、户外电子屏等媒体矩阵。其旗舰《人民日报》的用户数只占据总用户数的1%,而99%的传播阵地已经转移到互联网上。

对外,"中央厨房"与《河南日报》、《广州日报》等多家地方媒体建立合作,围绕内容、技术、渠道等多方面帮助大家加快融合进程。在内容上与众多媒体协同生产,共建工作室。例如,人民日报融媒体工作室自制的《国策说》视频节目已经在地方台落地,带动地方台内容创新。在技术上,帮助众多媒体搭建中小型"厨房",与人民日报"中央厨房"接通,资源共享,整合传播。在传播渠道上,分别与贵阳、江苏、内蒙古等地开展重点活动的全媒体推广,实现一体策划、多元传播和全球覆盖。依靠"中央厨房",本来就形态多样的"人民媒体方阵"将拓展更广阔的发展空间,带动全国多家媒体一起加速实现转型。

## 3 新华社：现场新闻和现场云[①]

新华社作为国家通讯社，其优势在于与全国多家新闻媒体有着天然的联系。新华社是国内外中文媒体的主要新闻来源之一，在中国大陆的每个省、直辖市、自治区都设有分社，还拥有遍布全球 180 多个机构的 5 000 多名记者编辑。新华社旗下的新华网被称为"中国最有影响力的网站"，每天 24 小时以 7 种文字、通过多媒体形式不间断地向全球发布新闻信息，全球网站综合排名稳定在 70 位以内[②]。

习近平在中共中央政治局第十二次集体学习上明确指出，要坚持移动优先策略，让主流媒体借助移动传播，牢牢占据舆论引导、思想引领、文化传承、服务人民的传播制高点。新华社在媒体融合过程中，紧紧抓住移动端优势，打造基于移动客户端的采集和传播平台"现场新闻"，重新占领主流媒体互联网发展的制高点。

---

① 本章内容资料来自 2018 年 3 月中央电视台发展研究中心对新华社新媒体中心的调研。
② 新华网，http://www.xinhuanet.com/aboutus.htm。

## 3.1 现场新闻和现场云的发展历程

从 2015 年开始,新华社的领导们就注意到技术带来的传媒领域的变化。微博、微信朋友圈、自媒体公众号和社交网络平台逐渐成为新闻的发布平台和资讯的获取渠道,人们不用依靠传统媒体就可以获得各类丰富的新闻资讯,而传统媒体发布一条新闻至少要经过通讯员—记者—编辑三道流程。如此一来,新闻的时效性很难比得过自媒体的即拍即传。除了因官方背书而保有的权威性,传统媒体似乎已经敌不过自媒体了。

在这样的现实情况下,新华社新媒体中心负责人基于新华社自身的情况,提出媒体融合发展的两大思路:一是"在线",二是"在场"。

首先是"在线"。新华社新媒体中心副总编辑贺大为认为,生产流程"全程不在线",是导致传统媒体在移动互联时代"掉队"的关键原因[①]。因为全流程都不在线上工作,所以拥有消息源的通讯员联络不到合适的记者;想要新闻线索的记者无法得知通讯员的位置,无法找到离新闻现场最近的通讯员去获取最新消息;后方的编辑更是无法及时了解这条新闻的进程。"不在线"导致全体采编人员信息传播的滞后和管理的低效,最后的结果可想而知。

其次是"在场"。新华社社长蔡名照曾对整个新闻发展史进行梳理观察,认为整个新闻发展史就是新闻不断接近现场的历史。"尽最大可能向受众呈现新闻现场,一直是媒体和媒体人的不懈追求。"[②]唯有在现场的新闻工作者,才能够最大限度地呈现新闻事实,告知观众真相。

基于"在线"和"在场"的战略需求,新华社于 2016 年 2 月 29 日推出"现场新闻"移动直播新闻平台。这是由新华社记者自主指导的移动直播平台。记

---

① 《"现场云"在两会期间火了,新华社将新闻生产"搬"到了手机上》,百家号"蓝鲸财经",https://baijiahao.baidu.com/s? id = 1594438167490950770&wfr = spider&for = pc,2018 年 3 月 9 日。
② 蔡名照:《"现场新闻"拉开主流媒体全面数字化转型的帷幕——在新华社客户端 3.0 版发布会上的致辞》,《中国记者》2016 年第 3 期。

者经注册后可以凭借手机上的"手持云平台"软件随时拍摄上传移动直播视频。它的初衷是运用最新的移动网络技术,让记者在新闻现场实时抓取尽可能多的现场要素,形成多种报道形式,通过移动端上传,把新闻现场实时、全方位、全息化地呈现给受众。现场新闻直播平台推出后,在 2017 年年初点击量达到百万。

2017 年 2 月 19 日,新华社再次推出"现场云"移动直播平台。现场云是在现场新闻基础上的升级换代,它基于现场新闻的技术应用,可与我国中央媒体、地方媒体、地方党政机关在内的 3 000 多家机构合作签约。通过现场云系统,签约机构的记者只需一台手机就可以实现素材采集且同步回传至云端,后方编辑部可实时进行在线编辑和播发,使全国各地的合作机构能够通过云平台共享新闻直播报道。

2018 年 2 月 19 日,现场云在线发布 3.0 版本,这是对新闻在线生产传播手段的再次升级。现场云 3.0 版本与 2.0 版本不同的是,它为入驻媒体免费提供基于移动端的全媒体采、编、发功能,采编人员即采即拍即传、即收即审即发。此外,现场云 3.0 版本在采集方面还可以兼容竖屏拍摄和浏览,在编辑方面支持手机快速剪辑,在分发方面与 2 000 多家用户终端互联互通,进一步拓展分众传播渠道。

现场新闻和现场云是新华社推进媒体融合发展的重要战略举措。它们为全国媒体搭建了一个拥有全媒体采、编、发功能的免费的基础平台,帮助入驻媒体用在线生产和行进式报道来有效提升报道时效,通过受众和现场的同步进入全息化时代,同时带动全国传统媒体进行真正的线上转型。

## 3.2　现场新闻和现场云的特点

现场新闻着眼于内容制作,现场云着眼于平台建设,二者互相配合、相得益彰。

### 3.2.1 现场新闻

现场新闻以新闻为主要内容,以移动直播为主要传播方式,依靠新华社的专业记者群体,在策划、选题、报道等方面都达到专业高度,在线打造了一批受人称赞的好作品。

#### 1. 充分发挥专业优势

主流媒体在做移动直播方面有一定的优势,因为主流媒体具有专业化、组织化、系统化挖掘等核心竞争力,尤其是在内容策划的前端。新华社深刻地意识到这一点,将内容策划牢牢把握在自己的核心团队手里,从题材选取到现场采访和拍摄全部用自己的团队。在充分发挥专业优势的同时,现场直播能够让记者的专业素质和能力得到充分体现。一部手机,就可以实现图文视频全采集,再加上云台、话筒,就可以单兵发起一场出镜解说的移动直播报道。

在 2016 年春运报道中,新华社客户端首次将直播付诸实践。新华社记者坐在返乡农民工的摩托车后座上,骑行 1 000 多公里,随车拍摄,全程直播,讲了一个有温度的现场新闻故事。截至 2018 年 12 月,现场新闻共发起 2 727 场直播,其中很多表现出色[1]。例如,在历年全国两会中,记者通过多种移动互联网轻便直播设备,对全国两会全部场次的全会、"部长通道"、记者会和十余场人大团组开放日进行了移动直播报道。在 2019 年全国两会期间,仅政府工作报告,现场新闻就发起直播 41 场[2],发挥了比电视直播更快速、更灵活的优势。近年来,现场新闻相继出品《动车时代 体验穿行在大凉山顶的扶贫慢火车》《两会上的"部长通道"》《惊险!直击中越边境排雷尖兵现场排雷》《别再传了,北京大雨的真实视频都在这儿》《留守儿童足球梦》等一大批主题鲜明、形式多样的优秀报道产品,屡屡形成刷爆朋友圈的强大声势。

---

[1] 网络传播杂志:《21 亿+访问量!新华社"现场新闻"获得中国新闻奖的 3 大秘籍》,搜狐网,https://www.sohu.com/a/281078852_181884,2018 年 12 月 11 日。
[2] 胡振华、汤玮、吴箫剑、朱小燕:《展现奋进追梦的坚定信心、凝聚上下同心的磅礴力量——新华社圆满完成 2019 全国两会报道》,《传媒》2019 年第 4 期。

### 2. 制作既有高度又有温度的报道

基于新华社的国家主流媒体地位,做好重大时政报道一直是现场新闻报道的首要工作。近年来,现场新闻陆续完成《习近平出席首届中国国际进口博览会开幕式并发表主旨演讲》《沙场今点兵｜建军 90 周年阅兵 习近平发表重要讲话》《两会现场｜直击部长通道：部长们将回应哪些社会关切?》《红色追寻·足迹》等重大报道。同时,将选题做到"软硬适宜",用"软新闻"挖掘好故事,用故事来吸引人和感染人。例如,在扶贫题材《动车时代 体验穿行在大凉山顶的扶贫慢火车》报道中,记者没有泛泛报道当地扶贫政策,而是将视角对准几十年如一日行进在四川大凉山的绿皮慢火车,通过对慢火车的直播跟踪,生动展现了当地彝族群众搭乘慢火车运送牲畜、进城读书务工等生活细节,凸显绿皮慢火车在扶贫中的重要作用。

### 3. 实时连线报道全球

依托新华社遍布全球的报道网络,通过现场报道让受众实时直达国际新闻现场,与西方媒体同台竞争。例如,在《埃航 MS804 航班失事》报道中,新华社记者在巴黎、开罗、雅典三地直播,发布寻找客机残骸和遇难者遗物的图片等诸多独家报道；在《新华社记者直击摩苏尔大战》报道中,新华社记者进入伊拉克摩苏尔战区,独家非延时、零时差直击战争现场,这在全球各大媒体的战地新闻中也十分罕见；《全球直播｜"一带一路"上的 24 小时》选取"一带一路"沿线有代表性的 11 个国家,开展 24 小时不间断直播态报道,讲述它们与"一带一路"倡议的精彩故事。

### 4. 内容具有产品思维

新华社新媒体中心认为,移动直播是纯粹的互联网产品,首先要符合用户要求才能够引起用户的共鸣。不能将移动直播简单理解为"将传统的电视直播搬到手机上",而应该是"现场＋同场报道交互＋用户后台交互"三个方面的共同结合。例如,在红军长征 90 周年特别策划的移动直播《红色遵循》中,三个年轻人以重走长征路的形式,通过亲历视角和亲身体验,感受红军长征的艰苦历程和伟大的长征精神。三个年轻人在直播中实时与观众互动,融入时下场景,让用户有身临其境的感觉。

图 3.1　现场新闻客户端①

### 3.2.2　现场云

现场云是现场新闻的聚合平台,具有如下特点。

#### 1. 提供采集和编发方面的新功能

在采集方面,可兼容竖屏拍摄和竖屏浏览;在编辑方面,支持手机快速剪辑;在审核方面,可以用手机直观预览、一键签发;在分发方面,与 2 000 多家用户终端互联互通,构建立足本地、分众传播的"现场云智能分发网"。除了前端功能外,还在桌面后端上线软件版云导播台、视频直播流同步剪辑工具和报道调度指挥系统三大"重武器"。编辑只需要从一台普通电脑上登录后台,就可以进行多路视频直播信号导播和编辑,在视频直播流播出的同时进行短视频剪辑和加工,还可以基于记者所在位置进行可视化的连线和调度。

#### 2. 提供通讯员在线管理子系统

通讯员在线管理子系统为媒体和通讯员在云端架起了一道桥梁,各级各

---

① 图片为笔者截图。本书中未注明来源的图片均为笔者截图。

领域的通讯员与记者编辑基于同一平台、同一流程进行高效协同。只有二三十个记者的地市级媒体，也可以借此发展成百上千个通讯员，成为本地消息总汇平台。

#### 3. 汇聚全国多方资源

现场云为全国新闻媒体提供素材切入口，用大数据汇聚各方资源。地方媒体报道通过现场云平台可以直接进入国家通讯社的传播平台，提高了报道时效，提升了视频、图片的产能，提供了互联网阅读所需要的更多的直播、视频、图片，增强了可视化效果。

图 3.2　现场云平台

#### 4. 为观众带来现场的感受

首先是全息的现场。通过文字、图片、音频、视频和 VR 等形式，让受众全感官接入新闻现场，"听得见锅碗瓢盆的撞击声，闻得见菜香油烟味儿"。在 2016 年全国两会上，现场新闻的报道通过现场画面、音频、文字、图片，以及

VR 新闻、动新闻等多种形态，实现在客户端上一条直播流的兼容集成，带给用户多重体验。

其次是全面的现场。现场新闻是多层次采集、多角度呈现、多维度解析，"采集端无处不在，接收端如影随形，体验端身临其境"①。通过多媒体传播技术，多路记者可以同时在同一现场展开报道，用户可以在同一页面切换不同视角，随心所欲地点击自己喜欢的报道形态，真正实现指哪儿看哪儿。

再次是全球的现场。新华社拥有遍布全球 180 多个机构的 5 000 多名编辑记者，现场云将新华社优质信息资源全面接入互联网，为用户带来全球最新动态资讯。

最后是全众的现场。新华社不满足于自身的内容生产，还在线扮演 UGC 筛选者、核实者、阐释者、聚合者的新角色。通过分类认证、严格把关，新华社完全可以把真实、可靠的优质 UGC 信息甄选出来，进一步抢占新闻第一落点。

## 3.3 现场新闻和现场云的融合创新：生产适合移动传播的线上新闻

### 3.3.1 生产适合互联网和移动端传播的新闻，带动流程机制再造

现场新闻是集互联网、云计算、4G 传输和智能终端等最新技术之大成打造的技术创新平台，为随时随地发起直播提供支撑，而它发起直播只需要一部手机。

对于记者来说，现场新闻和现场云将记者从传统的线下生产转为线上生产，这倒逼了新闻采编流程的再造。它推动了采、编、发流程从线下生产向线上生产转型，实现了记者在线采编、编辑在线加工、终端在线展示。它推动了新闻采编由分步生产向同步生产转变，前后方协同时间秒级同步，提升了新闻报道的时效性和报道指挥能力。现场新闻直播流在客户端播发后能够直

---

① 《新华社推进融合发展 打造"现场新闻"新样式》，新华网，http://www.xinhuanet.com/politics/2016-02/29/c_1118190510.htm，2016 年 2 月 29 日。

接进入待编稿库,为各编辑部提供更加丰富的新媒体素材,加工成各种产品,既可以给新媒体用户供稿,又可以回传客户端,形成传播闭环,实现资源共享。这一系列流程的改造,将"记者在路上、编辑在线下"变成"记者在身边、现场在眼前"。

对于用户来说,现场新闻和现场云使用户真正参与到新闻传播过程中来。用户的跟帖、评论,对事实的补充、解读,都能成为新闻的一部分,还可以自由切换现场直播和边看边聊,实时参与话题互动。这是与传统的电视完全不同的地方。改版后的现场新闻甚至提供 UGC 通道,用户可以自行拍摄视频,众筹新闻素材发布到网上,直接参与现场新闻报道。

通过现场新闻和现场云,新华社在内容、渠道、平台、经营、管理等方面推动传统媒体和新兴媒体深度融合,逐步实现高效率、高效益的一体化发展。可以预见,这一报道模式将在实践中不断丰富、不断创新。

### 3.3.2　运用智能化技术,提升现场新闻的智能化水平

为了提高现场新闻的智能化水平,新华社近年来也密切关注新媒体的发展动态,不断跟进和调整视频直播前沿技术,努力提高现场新闻的智能化水平,使现场云平台技术走在国际前沿。

据调研了解,2016 年以来,现场新闻累计共进行规模不等的十次改版升级,先后进行 500 余项技术革新。尤其对 UI 设计、报道功能、后台运维等方面的技术不断优化后,现在现场云的设备不仅支持 H5、VR/AR、3D 等全媒体形态,还具备电子杂志和 AR 建模功能,能够创新 AR 视觉全新体验。

2017 年年底,新华社发布了全球媒体的首个人工智能平台"媒体大脑",提出要建设智能化编辑部。2018 年 12 月,拥有相应技术和装备的媒体创意工场投入运行,为打造智能化编辑部提供技术支持。

2018 年,新华社与搜狗联合推出全球首个"AI 合成主播",运用最新人工智能技术,克隆出与真人主播拥有同样播报能力的"分身"。这不仅在全球 AI 合成领域实现了技术创新和突破,更是在新闻领域开创了实时音视频与 AI 真

人形象合成的先河。"AI合成主播"已经于2019年2月运用到现场新闻报道中,丰富了现场新闻的应用场景。

新华社还加强了现场云"云导播台"的建设。例如,针对现场新闻进行定制化开发,以轻量级应用实现重量级直播。"云导播台"助力新闻采编实现在线采集、在线加工、在线分发、在线展示等功能,再也不需要直播车和卫星的支持,而且携带方便,在5分钟之内就可以完成完整可输出的视频内容。

## 3.4 现场新闻和现场云的创新价值：跳出同质化竞争,倒逼机制重组

2018年年底,现场新闻获得第28届中国新闻奖二等奖。其注册记者人数超过3 000人,栏目总访问量超过21亿[1]。

### 3.4.1 从新理念到新产品,跳出同质化竞争

美国学者迈克尔·波特曾提出差异化战略,即公司可通过将提供的产品或服务差异化,以确立不可替代的竞争优势。差异化可以有很多种方式,比如设计与众不同的品牌形象、保持先进技术、性能特点、顾客服务、商业网络等。现场新闻客户端的差异化在于,它已成为一个全息直播形态的客户端,连接了产品和用户两端,聚合了众多平台资源。这是其他新闻客户端尚不具备的。这也表明新华社彻底摆脱传统的新闻客户端发展模式、跳出同质化竞争的决心。

### 3.4.2 推动实现机制重组

作为传统主流媒体的代表,新华社在转型过程中不可避免地会遇到一些

---

[1] 网络传播杂志：《21亿+访问量！新华社"现场新闻"获得中国新闻奖的3大秘籍》,搜狐网,https://www.sohu.com/a/281078852_181884,2018年12月11日。

瓶颈和障碍,例如,人手不够、缺少奖励机制、缺乏相关工作经验都是转型中面临的严重问题。后期体制机制方面得不到相应保障也成为发展过程中的最大障碍。例如,现场新闻需要上手快、懂得全媒体运作的记者,而这样的记者在过去新华社的人才队伍中非常稀缺。再例如,现场新闻的线上采集和播发需要各个部门有高效的协同合作。这些要求倒逼新华社加紧改革机制体制,以求与现场新闻相匹配。

2016年以来,新华社全面展开对全媒体记者的培训,连续三年举办了共14期全媒体采编业务轮训班,完成对全社近2 200名采编人员的全媒体理念和技能培训,实现对31个国内分社记者培训的全覆盖。这些全媒体采编业务轮训班从实践角度讲授《国家相册》①、现场新闻等重点融媒体产品和新闻形态的选题策划、创意创新及案例剖析。培训班还安排学员进行无人机、运动相机、osmo云台等全媒采编设备使用训练。针对在线的编辑人员,进一步明确了文字、图片、音视频、网络、新媒体等各类编辑以及终审发稿人、采编业务签发人等编辑类岗位在组织策划、编辑加工、报道把关、精准推送等方面的职责。到2018年,新华社已经全面建立了覆盖入职培训、岗位培训、驻外培训、专题培训等项目的全员培训体系,推动采编人员加快向全媒体人才转型。

成立产品研究院,设立创新专项资金,引领产品创新。2016年5月,新华社在主流媒体中第一个成立产品研究院,以实现对创新产品的研发、奖励。新华社以产品研究院为依托,每年拿出1 000万元创新基金,激活全社创新资源并予以奖励,并且对《红色气质》等创新项目给予表彰奖励。

为实现各部门、各环节在同一报道场景下的协同配合,打破传统媒体各部门之间、总社与分社之间、记者与编辑之间的条块分割状态,新华社在2017年建立了跨部门、跨工种协同作业的全媒报道平台。全社重点产品由总编室

---

① 《国家相册》是新华社推出的一档微纪录片品牌栏目,依托中国照片档案馆的馆藏图片,聚焦中国近代历史的重大事件和精彩瞬间,讲述时代故事。该片于2016年9月2日首播,每集5分钟,每周五在互联网、电视台、移动端、海外媒体等终端同步播出。

总体统筹,全媒报道平台牵头实施,将文字、图片、视频、网络新媒体等各部门优秀力量,甚至社外创意制作团队,一并纳入项目组,在相关资金支持下,形成创意产品生产常态化机制。这些机制体制改革为提升新华社全媒体报道水平提供了有力支持。

# 4 中央广播电视总台[①]：从借船出海到造船出海

中央广播电视总台不仅在内容上有专业性和权威性，在平台上也是我国电视媒体中的旗舰，地位无可撼动。然而，在媒体融合过程中，越是船大，越难调头，越是改革，痛得越深。中央电视台没有掉以轻心，在媒体融合进程中紧跟时代前沿，充分发挥自身优势。

## 4.1 媒体融合的背景和原因

近年来，互联网的迅速发展给传统电视带来了强烈冲击。从 2012 年到 2018 年，视频网站规模不断扩大，它们分流了传统电视的用户、广告和人才，削弱了传统电视的核心竞争力。

### 4.1.1 网络视频分流传统电视受众

近十年来，受众在传统媒体与新媒体之间快速地此消彼长，互联网已经

---

[①] 中央电视台在 2018 年 3 月与中央人民广播电台、中国国际广播电台合并后改名为"中央广播电视总台"。本章以 2018 年 3 月为界，此时间段前称为"中央电视台"，此时间段后则称为"中央广播电视总台"。

成为用户获取信息的第一入口。招商证券数据研究报告显示,2011年,全国电视销售总量达3 982.93万台,其中,互联网电视约占10%,传统电视约占90%,而2017年来已经发生了彻底大逆转[①]。根据CNNIC每一年的发展报告,从2011年开始,我国网络在线视频用户数量逐年上升,2018年,我国网络视频用户规模达到6.12亿(见图4.1),而这一数据在2019年达到6.48亿。截至2020年3月,中国网络视频(含短视频)用户规模达8.5亿。

图4.1　2012—2018年中国网络视频用户规模及占比[②]

与此同时,我国有线电视用户数却逐年减少。中国广视索福瑞媒介研究公司(CSM)数据显示,2001年我国电视观众每日收视时间是183分钟,2010年减少到171分钟,而2018年仅有129分钟(见图4.2)。

优酷、搜狐、爱奇艺、芒果TV等视频网站一方面投入自制剧的制作;另一方面,加大电视剧购买力度,充实节目资源,出现了一批优质视频节目。据不完全统计,中国各种模式的视频网站在高峰期多达数百家,包括搜狐、

---

① 太平洋电脑网:《6年来　互联网电视和传统电视彻底大逆转》,搜狐网,https://www.sohu.com/a/158434930_223764,2017年7月19日。
② CNNIC、中商产业研究院整理,转引自中商情报网:《2018年中国网络视频用户规模数据分析:短视频用户规模达6.48亿》,百家号,https://baijiahao.baidu.com/s?id=1626864567037286868&wfr=spider&for=pc,2019年3月2日。

图 4.2　2001—2018 年全国样本市(县)电视观众人均每日收视时间(分钟)①

新浪、网易在内的一些门户网站也开始涉足视频领域,提供视频服务。它们逐渐实现了差异化发展。以优酷网、土豆网为代表的"UGC+版权购买长视频"模式,走的是综合型视频网站的道路;以腾讯视频为代表的内容产业模式,则重点布局内容产业上游,大手笔投入自制内容;以乐视网、爱奇艺为代表的正版影视剧长视频网站大力开发网络自制剧,仅 2016 年第三季度,爱奇艺就自制网络剧 133 部,总流量达 300 亿次;以芒果 TV 为代表的独播模式坚定不移地走独播道路,获得不菲的版权收入;还有以 PPTV、PPS 为代表的客户端型 P2P 网络电视和以迅雷为代表的视频搜索下载类网站等。CTR 市场研究公司 2017 年的数据显示,我国网络视频用户每天在网上观看电视剧平均达到 3.5 集②。视频网站分流传统电视观众成为必然趋势。

---

① 资料来源:中国广视索福瑞媒介研究公司。
② 王轶斐:《网络视频分流观众》,融合网,http://www.dwrh.net/a/Internet/Video/20110224/8472.html,2018 年 10 月 25 日。

## 4.1.2 视频网站分流电视广告

随着电视节目总体收视率不断下降,电视广告投放量也逐渐转移到专业视频网站。电视广告在2013年首次出现2.75%的下滑之后,2014年出现5%以上的下降幅度[1]。CTR发布的广告监测数据显示,2016年中国电视广告投放额为5 538亿元人民币,比2015年减少了210亿元人民币,下降了3.7%[2]。广告下滑速度逐年递增。

从2013年起,互联网巨头纷纷布局移动视频广告新阵地,优酷、爱奇艺、搜狐视频的广告系统业务全面上线,视频广告形式不断突破,除剧内植入广告外,剧外原创贴、创可贴广告(指在剧情发展过程中,看似不经意间、实则经过严格考量而设定的从屏幕中跳出来一小句"不正经"的弹幕式文案,既追着剧情走,又能与观众一起互动吐槽)、移花接木(一种高效、高质量视频接入广

图4.3 2011—2018年中国在线视频用户付费市场规模[3]

---

① 郭钟:《2015年传媒业猜想》,《青年记者》2015年1月(上)。
② 转引自吴东:《中国电视广告投放基本情况》,微信公众号"收视中国",2017年5月24日。
③ 资料来源:艾瑞咨询报告,2019年1月。

告)等创意式植入形式备受广告主好评。此外,视频用户付费习惯逐渐养成,用户付费市场急剧增长。另外,主流视频网站也加大力度,布局包括文学、漫画、影视、游戏及其衍生产品的泛娱乐内容新生态,生态化平台的整体协同能力逐步凸显。

### 4.1.3 电视台专业人才逐渐流失

2000年至今,电视行业掀起一波波离职潮,电视台面临人才资源不足的问题。电视台人才的流失并非是单纯的人员"出走",而是传统的体制机制与当下互联网发展形势冲突的必然结果。

在实力雄厚的广播电视台中,大部分人员从体制内流向体制外。越是重要的业务部门,人才流失往往越严重。这些人才大部分流到新媒体公司以后,广电播出机构似乎变成了新媒体公司的"黄埔军校"。新媒体公司可以开出比广播电视台多数倍甚至几十倍的年薪,外加期权等待遇,吸引大量的年轻骨干。骨干人员的流失不仅带走了创意,带走了资源,还直接影响到台内节目制播等核心业务,同时也使现有员工心态不稳、士气低落、工作效率下降。

与省市级电视台相比,中央电视台的困境虽然没有那么严峻,但也有了前所未有的危机感。中央电视台拥有全国最大的专业视频库,拥有一大批高素质、高水平的专业记者、编导和技术人才,理应能够制作出一流的电视节目。然而,在对一些传统媒体和互联网公司进行充分调研以后,中央电视台发现,对主流媒体而言,内容聚合平台才是传统媒体的发展趋势。仅仅制作优质内容并不能吸引足够的用户,如果没有自己的新媒体平台,就会存在"有爆款没用户,有流量没平台"的困境,缺乏话语权,无法将内容变现。2018年,中央电视台与中央人民广播电台和中国国际广播电台合并成立中央广播电视总台,站在时代高处,制定前沿的"5G+4K+AI"新媒体平台战略,向成为融合时代的"国际一流媒体旗舰"目标而前进。2018年年底,中央广播电视总台联合中国移动、中国联通、中国电信和华为公司组建"5G新媒体平台",希望能够通过整合全台资源,塑造统一品牌形象,聚合内容,留住用户,打造媒体融合时代真正的"航空母舰",实现从借船出海到造船出海的转变。

## 4.2 媒体融合的主要阶段和产品

### 4.2.1 "三微一端"借船出海

在媒体融合的最初两年,传统媒体,尤其是电视通过"两微一端"(微博、微信和客户端)实现社交化转型成为"标配"。早在 2012 年下半年,中央电视台就开始顺应社交化发展趋势,制定并实施社交化发展三步走战略:以"央视新闻"为品牌,相继推出新浪微博、微信公众号和央视新闻客户端。

新浪微博和微信公众号是央视新闻在当时没有自己平台的情况下借船出海的第一步。2013 年 7 月 23 日,央视新闻客户端正式上线,为短视频的发布提供了一个临时的自有平台。其中,微博主打首发,微信突出互动,客户端以移动直播和视频见长,三者相辅相成,差异呈现社交化发展格局。2016 年元旦前夕,又形成以微博、微信、微视频和客户端为一体的"三微一端"报道格局,开始制作原创微视频。与此同时,外语频道 CCTV-NEWS 新媒体部以"CCTV-NEWS"为统一品牌和标识,运营在全球范围内包括 Facebook、Twitter、YouTube、Instagram 等社交媒体上的 23 个官方账号。截至 2017 年年底,CCTV-NEWS 新媒体全球总粉丝数达到 6 736 万,视频观看量达 5.5 亿[①]。

这一时期,中央电视台顺应趋势,通过微博、微信和客户端来发布时事短视频,报道党和国家领导人的重大活动,成为中国新媒体发展中的一件大事,也成为中央电视台新闻传播史上的一件大事。以"V 观"为代表的系列微视频是这一时期的代表。由于"V 观"微视频短小精悍、反应迅速、题材多样,在全国两会、"9·3 阅兵"、领导人出访等重大报道中都发挥了独特的作用,既保持了央视新闻的权威性、专业性,又软化了时政新闻,增添了趣味性。例如,在

---

① 资料来源:中央广播电视总台 CCTV-NEWS 新媒体中心。

2015年9月3日抗战胜利日阅兵中,中央电视台新闻中心在电视直播之外,为移动端的短视频确立了"天鹰看阅兵"、"飞索看阅兵"、"阅兵提前看"、"分列式贴地看"、"直播幕后"等符合新媒体传播的独特视角,让网民饱览阅兵盛况。

然而,这一时期也因为发布的短视频缺乏原创策划,多为电视端长视频"拆条"而来,被网友认为缺乏原创性。但这成为中央电视台短视频发展早期的特征。

### 4.2.2 打造央视移动新闻网,长短结合,移动优先

2017年2月19日,由中央电视台新闻中心打造的央视新闻移动网正式上线运行。央视新闻移动网对内与新闻生产平台打通,实现电视与新媒体一体化生产;对外则吸纳社会机构账号入驻,形成平台化传播矩阵。在功能上可以支持移动直播、记者视频回传和用户内容上传,还可以对文稿、图片、视频等多形态内容进行多终端采集、传输和分发。在中央电视台还没有聚合平台的当时,这个新闻移动网打造了全国广电系统的"国字号联合舰队"。

央视新闻遍布全球的记者都可以通过央视新闻移动网 App 来完成现场的拍摄、编码、传输等环节,并且在以往移动直播的基础上进一步实现多屏联动、互动分享和社交化的功能。截至2018年5月17日,央视新闻移动网共发布短视频25.5万条,日均发布566条,共有1.3万条用户上传的 UGC 来稿[1]。

央视移动新闻网带来了"移动优先"的发稿原则。为了做到新闻能够在移动端首发,中央电视台新闻中心将新媒体发稿纳入新闻采编、制作和评价的全流程,要求记者优先为新媒体平台供稿。在时政报道方面,要求编辑、记者能够第一时间提炼亮点,用"准直播态"分段播发精彩视频,确保报道的时效性。这进一步强化了移动端的短视频效果,带来更多移动端用户。

---

[1] 资料来源:中央广播电视总台新闻新媒体中心。

### 4.2.3 内容为王,打造优质原创微视频

随着用户对移动端短视频要求的不断提高,中央电视台意识到需要进一步增加短视频的数量,提升质量,占领移动传播阵地。2017年6月30日,中央电视台新闻中心设立时政微视频工作室,成立专门的微视频制作团队,开始大力打造原创微视频。

在第一章中,我们提到过"微视频"的概念。微视频就是短视频,但它多用于时政内容,因此多被称为"时政微视频"。中央电视台在制作时政微视频方面有着得天独厚的优势,集中力量打造了一批具有独家画面、细节,记录领导人活动全程的时政微视频故事,取得了较好的社会反响。由此,中央电视台将原创的时政微视频打造成为中央电视台时政报道的"标配"。

正式拉开原创时政微视频序幕是在2016年11月15日。这一天,中央电视台新闻中心制作的时政微视频《习近平总书记的一天》,直观再现了2016年9月4日习近平总书记15小时出席G20杭州峰会19场活动的快节奏的一天。视频一经推出形成现象级传播,全网播放量达到1.2亿以上[①]。2017年3月17日,中央电视台新闻中心以"不忘初心、继续前进"为主题,策划了三集时政微视频系列节目《初心》。该视频在短短24小时就在全网获得突破4亿的阅读量,全网总推送阅读量超过12.6亿[②]。

由于取得了强烈的社会反响,中央电视台新媒体中心、央视网和各频道陆续推出一系列微视频。这些视频分为三种类型。

第一类是从"第二落点"报道习近平主席,展示其亲民爱民的形象。

中央电视台从小切口入手,用讲故事的方式来塑造领导人形象,让时政报道从"第二落点"落地,展现不为人知的领导人形象。例如,由CGTN制作的《习近平的"轻松时刻"》选取习近平几个轻松的日常生活片段——踢足球、打

---

①② 资料来源:中国广视索福瑞媒介研究公司。

高尔夫球、充当文化讲解员、打拳、吃苹果、与奥巴马总统唠家常,通过这几个轻松时刻,展现了总书记诙谐、幽默、轻松、活泼的一面,给人耳目一新的感觉。

第二类是结合时政报道,常态化制作的短视频。

除了关于领导人的短视频外,中央电视台也结合时政热点打造原创短视频,比如2016年策划的涉及南海问题的系列短视频《全息南海》、为配合G20杭州峰会打造的《G20,杭州再出发》、2017年因习主席发表新年贺词而制作的《厉害了,我们的2016年》、2018年3月为配合博鳌亚洲论坛制作的《时代之问 博鳌作答》等。由于这些视频全部是原创,加上中央电视台制作团队的专业水准和力量,有些获得了不错的社会反响和评价。例如,为纪念雄安新区设立一周年制作的短视频《从深圳到雄安》在腾讯视频、央视新闻等九个主要平台上获得1.04亿的播放量[1]。

第三类是为某一主题精心策划和设置议程的短视频。

这一类短视频与时政无关,是为宣传某一个主题而精心制作。例如,《如果国宝会说话》是中央电视台与中宣部和国家文物局共同策划打造的国家涵养工程百集纪录片,从2018年1月1日起以每集5分钟的短视频形式介绍一件国宝。为了拍好这些视频,摄制组在前期拍摄了近百家博物馆和考古研究所、50余处考古遗址及千余件文物。作为一部文化信息非常密集的大型纪录片,《如果国宝会说话》用新视角、微表达和引人入胜的故事手法揭秘了中华文物的美,让国宝真正地活起来了。2017年年底,央视网精心策划制作的外宣短视频《中国奇迹》开始在海内外新媒体平台上播出,受到海内外媒体和网友的强烈关注。央视网制作的系列短视频《大熊猫抱饲养员》以四川熊猫基地的熊猫为拍摄对象,用短视频的形式记录大熊猫憨态可掬的生活点滴,浏览量超过10亿次,被BBC、CNN等多家海外媒体转播。

---

[1] 资料来源:中国广视索福瑞媒介研究公司。

图 4.4 《如果国宝会说话》之"铜奔马"截图

据中国广视索福瑞媒介研究公司监测的九个主要短视频平台的数据,在 2018 年原创时政微视频 Top100 中,中央电视台的视频数量和播放量在三家中央媒体(另外两家为《人民日报》和新华社)中的占比为 67%[①]。除了中央电视台新闻中心和央视网之外,央视财经、央视体育、央视综艺、央视纪录等频道在微视频传播方面也开始探索并初见成效。

### 4.2.4 成立 5G 新媒体平台,造船出海

短视频是移动端的主要产品,也是媒体融合的重要抓手。中央电视台逐步意识到,要建设成为国内规模最大的短视频创作基地和生产基地,仅有优质的内容是不够的,平台的建设必不可少。中国人民大学新闻学院教授宋建武认为,借船出海并不是媒体融合的根本效果,只有把自己打造成具有强大数据处理能力的平台,才能够在媒体融合中占据主导地位。没有一个自主可

---

① 资料来源:中央电视台发展研究中心:《三大央媒短视频比较分析》,2018 年 1 月。

控的平台,就没有用户,就没有真正的渠道和阵地①。中央电视台意识到,媒体融合发展到纵深阶段,迫切需要打造自己的平台,聚合内容,把优质内容和发布权紧紧掌控在自己的手里。

  2018 年年底,中央广播电视总台联手通信运营商中国移动、中国联通和中国电信以及华为公司,打造 5G 新媒体实验室。它将 5G 技术与 4K、8K、VR 等超高清视频结合,为视频内容的制作和传输等环节带来革命性的变化。它也将整合中央广播电视总台所有分散的新媒体发布平台,如央视新闻移动网、央视影音等,统一为中央广播电视总台的旗舰新媒体发布平台,真正实现从借船出海到造船出海。

图 4.5 中央广播电视总台 5G 媒体应用实验室②

---

① 杨哲:《中宣部媒体融合专家组成员宋建武:不要把"借船出海"当作媒体融合的主要效果》,微信公众号"广电独家",2019 年 2 月 27 日。
② 资料来源:笔者拍摄。

为了保障这个新媒体平台的顺利建设,中央广播电视总台成立新媒体平台工作组,给予人力、物力和财力上的支持。2019年年初,5G新媒体旗舰平台开始正式面向用户。

## 4.3  5G新媒体平台的创新:打造与长视频不一样的短视频

5G新媒体平台的创新,体现在平台、内容、体制和技术等多个方面。

### 4.3.1  平台创新:做内容聚合和社交相结合的平台

根据猎豹全球智库提供的观察报告,在中国、美国、日本、印度、德国、法国、英国等互联网发展领先的国家,在新闻客户端活跃渗透率前十名的榜单中,排名第一的全部为聚合类新闻客户端[①]。从主流媒体的融合发展趋势来看,聚合平台是真正的发展趋势。其内在原因是,用户对内容的个性化需求越来越多,造成单一媒体的信息量无法满足用户的需求,只有通过聚合才能获得足够数量的新闻资讯。

在5G新媒体平台上,中央电视台开始将新闻内容生产由"原创"转向"原创+聚合"的模式。一方面,充分发挥自身专业视频团队制作优势,生产高品质原创短视频内容;另一方面,通过聚合社会资源来呈现内容的多样性。例如,之前的央视新闻移动网也是一个基于移动端的融媒体内容聚合平台,它专门搭建了"矩阵号"系统,聚合了全国142家广电机构以及200多家视频制作和发布机构。现在的5G新媒体平台与央视新闻移动网相比,聚合了更多的媒体、机构、自媒体和个人创作者UGC,真正成为一艘承载新媒体内容的巨型航空母舰。

除了内容聚合之外,还需要打造社交平台来进行社交化分发以吸引用户。5G新媒体平台打通了微信、微博、QQ等用户量较大的社交平台,打通

---

① 李雪昆:《2017媒体融合发展高峰论坛举行  融合新路径:聚合+算法》,《中国新闻出版广电报》2017年6月20日。

了抖音、快手等短视频平台,打通了今日头条、小红书等资讯平台,打通了京东、淘宝、唯品会等电商平台以及得到、知乎等知识付费平台,以进行社交化分发。与此同时,平台可根据不同入驻账号的级别来进行不同权重的推荐,同时基于大数据算法和个性化推荐,在精准分发的同时还能传递价值导向。

### 4.3.2 机制创新:一体化生产运营

以前,无论是中央电视台新闻中心还是央视网,所打造的短视频都是在其内部资源的基础上单打独斗、孤军奋战,在全台内没有形成一体化的短视频生产运营机制。5G平台打造了新的融媒体中心,而融媒体中心就是一个小的"中央厨房"。它再造了新闻生产流程,形成了一体化的短视频生产运营机制。这种一体化设计的关键在于,将短视频的节目制作融入原有电视节目制作的各个流程,所有重点节目和栏目都将短视频作为"标配",一体化策划,一体化制作和运营,快速形成规模效应。

### 4.3.3 内容创新:打造与长视频不一样的短视频

在2020年以前,短视频可以说既是互联网发展的风口,也是融合发展的重要抓手。中央电视台在做了充分的市场调查和用户调查以后,决定要打造与电视的长视频不一样的短视频,挽回流失的年轻用户。

"央视频"是中央广播电视总台5G新媒体平台诞生以后主打的新媒体核心产品,它力求以"PGC + PUGC"为内容构成,以"轻娱乐 + 轻松态"为主基调,打造以年轻人为主要用户群体的短视频。在新的定位中,央视频以20—45岁的年轻用户为核心用户群,主打娱乐轻松的资讯,以年轻态的表达为特色,与传统电视收视人群形成互补。

截至2019年年底,央视频已聚合300多个社会账号,包括娱乐轻松类的"六点半"、"歪果仁"、"毒角 Show"、"Papi 酱"、"黄西脱口秀",美食类的"李子柒"、"日食记"、"黄小厨"、"吃货主义",综艺类的"综艺集结号"、"主持人大赛"、"开门大吉"、"朗读者",青少类的"第一动画乐园"、"小小少年"、"智慧树"等。这些账号来自五湖四海、三教九流,一洗中央广播电视总台严肃正经的刻板印象,将活力四射的民间风范灌注到中央广播电视总台平台上,让用户耳目一新。

在社会账号之外,中央广播电视总台的内部账号也改变话语风格,打造"小清新"的时尚风范(见图4.6)。一批主持人开设个人账号,以更加接地气的姿态面向用户。例如,"康辉说"用一两分钟的时间阐释身边的一些趣事;"主持人海霞"用轻松的语态探讨身边的热点话题;"跟欣姐说英语"的

图 4.6 央视频账号截图

主持人刘欣在每一条视频中解说一个英语的梗;"主播说联播"更是将端庄的主播还原成老百姓,将联播中的话题用自己的话语进行点评,娓娓道来。这些都使得央视频以与长视频完全不一样的风格清新地呈现在用户面前。

不仅如此,央视频还利用平台优势大胆进行创新。在 2020 年年初的新冠肺炎疫情报道中,央视频以"疫情 24 小时慢直播"吸引了众多粉丝的眼球,尤其是对武汉火神山医院和雷神山医院施工场所进行的慢直播,让众多宅在家里的用户在云端过了一把"监工"瘾。

## 4.4 5G新媒体平台的创新价值：向国际一流新型媒体迈进

5G是当今世界科技发展与竞争的重要领域。中央广播电视总台在融合发展的重要阶段顺应技术革命趋势，及时建设5G新媒体平台，将为实现新的飞跃提供重大契机。

### 4.4.1 成为国家首个5G新媒体平台

国际舆论舞台上"西强东弱"的格局一直存在。近年来，中国为提升国家软实力，在国际舆论舞台占领一席之地而不懈努力。作为国家重要的舆论阵地，中央电视台一直努力跻身国际一流媒体阵营。互联网和新兴媒体的发展带来了挑战，也带来了机遇。如何拥抱、利用新兴媒体加速前进，完成自己的蜕变转型，成为国家主流媒体面临的重要课题。打造国际一流新型媒体是中央广播电视总台自组建以来的重要目标，也是促进其不断前进的原动力。

中央广播电视总台的5G新媒体平台，是我国首个国家级5G新媒体平台，也是中央广播电视总台作为党的宣传思想文化的重要阵地，与中国通信运营商和提供5G技术的引领者华为公司的一次强强合作。它的目的不仅是打造5G新媒体平台，而且是打造一个新媒体航空母舰。5G新媒体应用实验室将全力推动5G核心技术在中央广播电视总台超高清节目传输中的应用，研究制定基于5G技术进行4K超高清视频直播信号与文件的创建、接收、制作技术规范等5G新媒体行业标准，引领5G新媒体的技术应用。这不仅是打造国际一流新型媒体的重要举措，也将对增强中央媒体的传播力、引导力、影响力、公信力发挥积极作用。

### 4.4.2 创新媒体节目内容和形态，为产业链带来变革

5G新媒体平台于2019年年初投入使用。在2019年全国两会期间，中央电视台通过"4K+5G+AI"的战略部署调度各平台，以全媒体节目和产品进行

融合报道。例如，中央电视台首次实现以 5G 技术持续传输 4K 超高清信号，通过 5G 传输技术将 4K 超高清电视节目接入人民大会堂和梅地亚中心的全国两会新闻中心及代表委员驻地等区域。在全国两会中，中央电视台首次将"4K＋5G＋AI＋VR"技术应用于新闻发布会、记者会、"部长通道"、"代表委员通道"直播中，制作出多条微视频和图文稿件，并且首次启动 AI 智能机器人，让人工智能助力全国两会报道。现在，中央电视台持续制作原创高清 4K 节目，已经能够播出日均 8 小时原创超高清 4K 节目，实现内容优势和传播形式的高度结合。

内容制作是整个产业链的源头，通过 4K、8K、VR 等超高清视频的高品质内容制作，将给视频内容的采集、编排、播出、传输等各个环节带来新的机遇和挑战。例如，5G 的超高带宽可以同时支持 4K 超高清信号的多路直播回传，也可以灵活部署 4K 拍摄。这些技术和场景提升了 4K 超高清内容的生产效率，构建了超高清直播节目的多屏、多视角等全新场景。5G 新媒体平台最终将为整个产业链带来变革。

# 5 上海广播电视台：面向互联网的优质原创节目[①]

上海广播电视台、上海文化广播影视集团有限公司（英文为 Shanghai Media Group，简称 SMG）是由原上海广播电视台、上海文化广播影视集团和上海东方传媒集团有限公司于 2014 年 3 月整合而成。其因改革力度大、成效显著，为我国广电业务的融合发展提供了典型范例。SMG 互联网节目中心作为 SMG"整体转型、全面融合"战略的重要支点，用互联网思维为电视媒体的发展提供了新的思考方式。其主要运作方式就是直接打造面向互联网的节目，以互联网节目实现对传统电视节目的反哺。

## 5.1 SMG 互联网节目中心的发展历程

2015 年，当传统媒体人还将媒体融合停留在理论层面研讨时，从国家主管部门到上海市主管部门，都希望传统媒体能向全媒体方向转型。SMG 意识到在互联网内容领域还没有专门的机构针对性地负责新媒体内容的生产和

---

[①] 本章内容资料大部分来自 2017 年 3 月中央电视台发展研究中心对 SMG 互联网节目中心的调研。

运营,于是迅速展开行动,成立 SMG 互联网节目中心。这成为国有广电媒体中第一个,也是目前唯一专门从事互联网内容生产和运营的机构。

SMG 互联网节目中心是 SMG 内部一个中心级机构,在组织架构上与总编室平行。除了互联网节目中心之外,SMG 在包括新闻、综艺、财经等各个领域都成立了专门面向互联网传播的内容生产团队,包括制作新闻节目的看看新闻网、制作财经节目的第一财经新媒体等。例如,看看新闻网就是来自另外一家专门负责新闻业务融合转型的 SMG 融媒体中心,而互联网节目中心则负责除新闻业务之外的互联网泛娱乐节目。

互联网节目中心整合了全台所有内容的新媒体发布渠道,包括新闻、财经、体育、电商、游戏、应用商店等多个客户端。以前,SMG 共有 200 多个微博账号、180 多个微信公众号和众多 App 产品,但各自为政,资源得不到共享。成立 SMG 互联网节目中心以后,SMG 所有新媒体内容都可以在这个平台上呈现。

2016 年,SMG 互联网节目中心白手起家,开始了拓荒的一年。SMG 互联网节目中心憋足了劲要"给你好看",制作了大批网络原创节目,以满足年轻一代对网生内容的需求。这一年,SMG 互联网节目中心与视频网站保持深度合作的关系,一些节目在制作团队上吸取优酷、爱奇艺、腾讯等力量,版权也出售给这些视频网站。例如,在东方卫视播出的《阳光美少女》最早就来自优酷的一档节目《国民美少女》,之后成为网生节目反哺电视节目的成功案例,也是"台网联动、台网互补"的一次重要尝试。2016 年 12 月,SMG 互联网节目中心获得国家新闻出版广电总局评选的"2016 年网络视听年度评选"之"年度融合创新团队"称号。同时,SMG 互联网节目中心作为唯一体制内公司,成功跻身网络综艺十大制作公司行列。

2017 年是 SMG 互联网节目中心检验团队战斗力的一年。中心重新调整方向,将打造爆款头部内容确定为重要目标,同时兼顾一些垂直类产品。在定位上,从互联网内容制作公司调整为以内容为特色的运营公司,生产了一批优质原创节目,如《国民美少女》第二季、《小哥喂喂喂》第二季、《卡拉偶客》

歌手真人秀、发掘优秀音乐创作人的《音乐之王》、超级网剧《长安暗盒》、垂直网综节目《WOW 新家》和《就匠变新家》、公益节目《明星探索之旅》等。SMG互联网节目中心时任常务副主任蔺志强表示："好内容要符合'有趣、有用、有话题'三个条件，三点不能满足，也要满足两点。"与此同时，团队运用新科技手段为节目注入虚拟现实、边看边买、直播等诸多玩法。以直播技术为例，在优酷、来疯双平台首播的直播脱口秀《小哥喂喂喂》，通过随时接收网友音频、视频信息、直播弹幕实时互动，并且运用"话筒"、"草裙"等丰富好玩的小道具，让网友直接参与直播过程。

2018年，SMG打破产品边界，继续发力全民娱乐，深耕垂直领域，与电商平台联手进行内容商业化和商业内容化的整合，拓展并延长 IP 的生命周期。例如，全面打通线上和线下的电音项目《魔音中国》，急智脱口秀喜剧语言类综艺《脑大洞开》第二季，与立邦合作定制、聚焦局部改造的《就匠变新家》第二季，聚焦幼儿健康成长的观察类儿童真人秀《秘密花园》，以及结合品牌要求定制的系列美食类真人秀节目等。

从 2017 年年底开始，这个仅成立两年半的团队在 2017 年市场紧缩、政策收紧的双重压力下，实现扭亏为盈，以年收入破 12 亿、利润同比增加 4 000 万元的业绩成功逆袭。蔺志强说道："一直以来，很多人质疑体制内的传统广电媒体缺少互联网思维，难以成功转型。但我们团队取得了成绩，证明了在移动互联网时代，传统媒体同样大有可为，我们所经历的摸索和路径，更加具有标杆意义。"①

## 5.2 SMG 互联网节目中心的主要产品

SMG 互联网节目中心产品的内容，主要聚焦全民娱乐的头部内容和小而美的垂直领域。中心认为，一头一尾的产品更能产生效益，而"中庸之道"——

---

① 《年收入超 12 亿，SMG 互联网节目中心的探索之路有没有秘诀？》，微信公众号"传媒内参"，2018 年 1 月 24 日。

中等投资、中等影响、中等收益的产品——是没有未来的①。这两种内容的打造，主要从两个方面来实施：一是将现有资源 IP 化改造；二是面向互联网直接打造网络节目。

## 5.2.1 将现有资源 IP 化改造，进行台网联动

基于传统电视台的大量现有节目资源，SMG 意识到，首先应该将这些原有资源利用起来，进行 IP 的开发改造，实现台网联动。SMG 副总裁兼互联网节目中心主任陈雨人认为，尽管地面频道普遍面临巨大的经营压力，但每一个频道都还有一些优质 IP 资源可以进一步开发。这些资源有的在播，有的则由于资金问题无法投入制作，例如节目《花样姐姐》、《极限挑战》中都还有一些搁置的素材，为互联网制作节目直接提供了内容。

2017 年，SMG 互联网节目中心播出的一档真人秀节目《WOW 新家》就来自东方卫视的传统电视节目《梦想改造家》。SMG 发现互联网观众与东方卫视的观众有着近似的需求，就针对已有的电视素材开发了这档节目。这档节目每期针对一位业主住房改造面临的难题，邀请设计界才华横溢的大咖提出指导方案，共同应战。它没有明星、没有搞笑、没有综艺套路，就是一档朴素的咨询节目，但是，它以网络综艺、电视综艺、网络 PGC、网络直播四种产品形态出现，将这一 IP 价值最大化，在互联网上打造了一个全新品牌。节目在推出之后成为互联网上完全独立的一档垂直网综新节目，也是小而美的代表。

在《WOW 新家》成功问世的基础上，"家装＋脱口秀"类网综节目《就匠变新家》在 2017 年又横空出世。节目组秉持"为你刷新生活"的宗旨，打造了一档自称"最有趣、最有用、最具话题"的网络综艺节目，可被看作是网络节目反哺卫视黄金档的一个分水岭式的案例。

---

① 《SMG 互联网节目中心：在网络内容的"红海"，做一条来自体制的鲨鱼》，微信公众号"传媒内参"，2017 年 7 月 17 日。

《小哥喂喂喂》也是一档灵感来自电台的节目。节目为网友提供畅聊平台,歌手费玉清化身暖心的电话接线员,与其他主持人组成强大的主持阵容。网友可以在直播中拨打电话,主持人倾听并解答网友们提出的各种情感问题。这档节目的优势在于可以与网友实时互动,真正打造一场"人人均是主角"的全民娱乐网民参与的直播新节目。

陈雨人认为,SMG 互联网节目中心的角色就好似一条鲶鱼,在集团内部进行资源整合,发挥鲶鱼效应。通过对这些优质 IP 的整合和互联网化,实现 IP 价值的最大化和平台价值的最大化。什么样的 IP 才是好的?总体来说,应该以市场为导向,以互联网的用户为导向。只要有市场的认同和互联网平台的认同,传统电视 IP 就能够算作被认可。不过,在进行 IP 改造的同时,由于网络传播的内容尚没有版权授权,所以其内容版权还是归电视节目所有。

### 5.2.2 打造全新的互联网节目

台网联动任重道远。蔺志强认为,仅就现有资源进行开发还是不够的,只有注重开发原创节目,才能将台网联动深入下去。SMG 发现,直接面向互联网制作节目往往比面向传统电视制作节目更加容易,也更容易上手。因此,SMG 互联网节目中心开始着手为用户量身定做原创节目,将一些不适合在传统电视端播出的题材在网络上播出。

《国民美少女》是一档面向互联网专门制作的真人秀。它是一档大型偶像养成类真人秀节目,汇集 36 位风格迥异的"90 后"美少女,节目力争对她们进行歌舞和 MC(说唱歌手)方面的全方位打造。由于美少女吸引眼球,节目颇具时尚气息,歌手费玉清倾力加盟,加上观众可以随时点评互动,该节目自从播出以后颇具人气,上线短短一个半小时点播量即破百万。它同时还在电视上打造了一系列衍生产品,形成产品包,分发至网站、电视、直播等渠道和终端。节目做了 12 期以后,在优酷的点击量达到 4.4 亿,直播流 UV(独立访客)达 403 万,开创了多个业内第一。通过台网互动,《国民美少女》成为网生

图 5.1　SMG 互联网节目中心自制网络剧《国民美少女》

节目反哺传统电视节目的成功案例。

另外一档网络原创节目《生命时速·紧急救护》是首部大型院前医疗急救纪实片。它以上海市 120 急救中心的三辆救护车为镜头焦点,采用 100% 的纪实拍摄手法,真实展现 120 一线急救人员从接警到受命出发,争分夺秒赶至现场进行抢救的过程,多方位呈现急救中心及急救人员对各类突发事件的应对,直面社会广泛关注的医患矛盾、信任危机。该节目以精良的专业制作讲述可能发生在每个人身边的故事,情景扣人心弦,传递出人生暖意和社会责任感,获得大量粉丝好评。

2017 年后,SMG 互联网节目中心在一些垂直领域集中发力,包括儿童亲子类节目、户外节目、音乐节目和健康医药等垂直领域。原创节目《卡拉偶客》是国内第一档汽车音乐脱口秀节目,整档节目都在一辆凯迪拉克车里面拍摄。这档节目将明星访谈、演唱会、脱口秀等环节全部搬到车厢内,开创了国内原创综艺节目的全新玩法。

去电视化和台网联动一直是 SMG 互联网节目中心追求的目标。去电视化就是要实现从电视节目到网络节目的蜕变,是在保证节目制作水准的基础上,以自主研发为主,敏锐捕捉网友兴趣点,针对网友的兴趣开发网络节目。台网联动是网台节目互相呼应、互相补充,取得 1+1＞2 的效果。从 SMG 互联网节目中心的实践来看,传统电视完全可以通过去电视化的方式实现从电视节目到网络节目的蜕变,也可以从互联网端的节目重新反哺电视节目,获得台网联动的效果。

## 5.3 SMG 的创新：完全市场化的运营机制

在内容创新的背后，总有机制体制的创新。在建成互联网节目中心的同时，SMG 慧眼独具，同步成立了与市场完全对接的好有文化传媒有限公司（简称好有公司）。在与市场的对接方面，SMG 具有两大策略：一是以公司为主体来实现与市场接轨；二是从前端就开始进行战略融资。

### 5.3.1 好有公司的市场化运营

好有公司将自己定位为一家完全按照市场规律来运营的互联网内容创业公司，是国有广电媒体中唯一专门从事互联网内容生产运营的机构。它与 SMG 互联网节目中心一套人马、两块牌子，可以毫无顾虑地进行完全的市场化运作。

好有公司有 70 余名员工。公司对这 70 余名员工采取扁平化管理，层级很少，淡化行政职务，实行项目制运营。项目负责人对该项目制作、招商、推广、技术等整体工作全权负责（见图 5.2）。项目制提高了生产效率，使整体运营成本低于传统公司。

好有公司严格遵循市场规律办事，主要在三个方面发挥作用：一是做内容资源的整合，把集团内原本割裂的各个内容制作串联起来，成为内容的整合者和原有 IP 的深度挖掘者；二是做互动技术的整合者；三是做广告驱动的内容整合。好有公司需要直面市场的激烈竞争，打法、做法都要与市场接轨。它实施的每个项目，除了要考虑内容亮点之外，还要考虑财务预算、成本控制、收入来源、收入规模、利润分配方式等。2017 年，SMG 互联网节目中心通过好有公司在经营方面实现扭亏为盈，年收入破 12 亿，利润同比增加近 4 000 万。

好有公司深植于 SMG 土壤，媒体素质、制作能力、道德标准以及对主流文化的深入了解和挖掘，是普通的互联网公司难以企及的。这些条件使得它

图 5.2　好有公司商业模式图①

后劲十足,不仅在短期内成为一个具有独特竞争力的内容运营公司,还具有与资本对接的潜力。其核心团队也可以参与企业收益分成,共担风险。

### 5.3.2　完善的互联网管理机制

面对完整的互联网节目制作模式,SMG 互联网节目中心严格遵循互联网公司的管理模式。不同于传统节目制作中心,互联网节目中心往往需要更多的新技术人才、营销人才和投资人才。如何激励和留住这些人才?蔺志强认为,必须从体制上系统地解决这些问题。SMG 互联网节目中心施行三个制度。

一是淘汰制度。为了实现人员价值的最大化,加大激励机制,SMG 互联网节目中心的人员年均淘汰率都在 15% 左右。所有的独立制作人都是项目经理,全中心一共有 4—5 个项目经理。SMG 对于项目经理和优秀的节目制作团队设立风险和利益共担机制,立项公开竞争,鼓励优胜劣汰,在制作生产

---

①　资料来源:SMG 互联网节目中心提供,2017 年 3 月。

和内容创新方面对项目经理充分放权,在研发、销售、推广和奖励方面都提供更大的支持和更积极的政策。

二是股权下沉制度。为了更好地激励人才,尽快把优秀人才培养成优秀的项目经理人,SMG 采用股权下沉的方式来鼓励和留住团队。在 SMG 互联网节目中心内部,一些员工合资组建了云集将来纪录片制作公司。公司内员工持股 30% 左右,还设立股权池,预留空间,吸引中国一流的纪录片导演和制作人来加盟持股。可以说,股权下沉机制比独立制作人机制又前进了一步。

三是互联网考核制度。SMG 互联网节目中心采用 KPI(关键绩效考核指标)结合 OKR(目标与关键成果法)的互联网专用考核方式。这种考核方式的优势是项目执行中的每一个环节都需要汇报给中心,项目的经费使用要严格按照预算来进行。两种考核方式相结合可以使项目的过程和结果都在中心的管控之中。

## 5.4 SMG 互联网节目中心的创新价值:创新内容,满足用户,市场化运营

SMG 互联网节目中心自成立起就成为 SMG 在互联网领域的一支"特种兵",在"互联网+"的一路探索中,经历了摸索,取得了成功。作为中国广电媒体中第一个,也是目前唯一以互联网内容为主打产品的机构,SMG 互联网节目中心的探索具有行业标杆意义。

### 5.4.1 优质内容是传统媒体立于不败之地的核心竞争力

传统媒体和新媒体本质一样,都是内容的渠道。无论哪个渠道,呈现的都是内容。优质内容始终是媒体立于不败之地的核心竞争力。因此,传统媒体人始终要坚持自己的信念,生产好的内容,才能牢牢抓住用户,获得认可。

SMG 互联网节目中心始终立足生产正能量、积极向上且符合互联网传播规律的内容。对于内容产品,中心有着详细的层级规划:最基层的产品是在

垂直领域定制的移动互联内容及短视频,也是团队在发展前期最主要的工作之一。SMG互联网节目中心坚持深耕垂直领域,内容涉及家装、旅游、少儿、母婴等领域,使内容更好地到达和黏住用户。中间层则是基于IP的用户需求开发的口碑级产品,这也是中心在发展前期和中期的重点工作。最顶层的是跨屏的现象级产品,未来的娱乐节目将横跨电视、移动端和PC端的传播格局决定了当中心发展到一定程度时,做多屏互动的现象级产品是团队的重要目标。

### 5.4.2 要尽最大可能满足用户的需求

在SMG互联网节目中心看来,互联网思维就是要最大限度地满足用户的需求。蔺志强认为,无论内容在哪个渠道传播,都要让用户满意才能合格。SMG互联网节目中心在检验一档节目好坏时,最直接的标准就是用户是否喜欢。

在传统电视台,节目播出以后并不知道用户在哪里,无法得知用户的喜好和消费行为。但互联网有大数据支撑,节目制作方能够轻而易举地获得用户相关行为信息,并且可以根据用户喜好来打造、调整内容。因此,用户思维是节目制作中的重要落脚点。SMG互联网节目中心在节目策划、制作、播出的实践中,非常重视用户体验的优化。以《国民美少女》为例,节目中采用网络化的表达方式与年轻用户互动,例如使用独家研发的直播特效系统,实现了在直播中同步加入特效、花字和弹幕等。

### 5.4.3 完全面向市场,探索市场化运作方式

好有公司是一家完全按照市场化规律运作的互联网初创公司,是百分之百按照市场规律运营的市场主体。

好有公司以市场效益为导向,集中做市场反响热烈的爆款品牌节目和垂直领域的产品,避免中等体量和中等回报的节目。2017年,公司做了六七档爆款节目,涵盖家装、少儿、汽车等垂直领域。

有了好节目的口碑和品牌,广告、制作、版权都水涨船高。好有公司以好的内容IP为发端,整合渠道、制作、广告、资金等力量,不仅做广告代理,还打造独立广告招商队,制作超级网剧,力争多维变现。仅2017年,广告代理就获得6亿元的收入。SMG以好有公司为依托,打好互联网节目中心这张"王牌",走在融合转型的前列。

SMG互联网节目中心的探索意义,正如SMG副总裁王建军所言:"我们生产内容的方向,最重要的是创造价值,而非向某一种固有播出形态靠拢。我们要更加注重原创节目的创新,特别要克服格调低下、过度娱乐化的倾向,打造具有持续IP培育与开发价值的内容产品。我们既不能对电视媒体妄自菲薄,也不能对新媒体盲目崇拜。关键在于保持定力,严格遵循市场规律办事,才能坚定地朝目标迈进。"[①]

---

[①] 《SMG互联网节目中心:在网络内容的"红海",做一条来自体制的鲨鱼》,微信公众号"传媒内参",2017年7月17日。

# 6 芒果 TV：打造原创自制内容和平台

芒果 TV 是由湖南快乐阳光互动娱乐传媒有限公司负责运营的湖南广播电视台旗下唯一互联网视频供应平台，同时也是以视听互动为核心，融网络特色与电视特色于一体，面向电脑、手机、平板、电视，实现多屏合一的独播、跨屏、自制的新媒体视听综合传播服务平台。"芒果 TV"的呼号于 2008 年正式启用。

芒果 TV 一诞生就宣布自己的独播政策——原创节目不对外分销互联网版权，全部都在自己的平台上播出。与 SMG 互联网节目中心相似，它也是集中全部力量打造互联网内容。但除了打造原创优质节目之外，还建设自己的芒果 TV 平台。

## 6.1 独播的发展历程

为顺应媒体融合的发展趋势，2014 年 4 月 20 日，湖南卫视的互联网化进程迈出重要的一步——芒果 TV 全新亮相。

作为湖南广电"触网"的排头兵，从成立一开始，湖南卫视就宣布了芒果 TV

的独播政策——其原创节目内容不对外分销互联网版权。2014年4月26日,湖南卫视重磅综艺《花儿与少年》在芒果TV独播,第一期当日播放量达220万。6月28日,全网单日独立用户突破1000万①。7月26日,《花样江湖》开拍,开启芒果TV自制剧时代。8月24日,第二部自制剧《金牌红娘》在北京开拍。仅2014年,芒果TV在自制内容上总计投入数千万元资金,迈出了坚实的一步。

2014年在习近平总书记"8·19"讲话之后,湖南广播电视台明确了"一云多屏、两翼(湖南卫视和芒果TV)齐飞、双核(湖南卫视和芒果TV)驱动"的思路,将新媒体发展提升到与卫视并驾齐驱的地位,把电视台资源注入芒果TV,集中力量做强芒果TV,发展新媒体。为了确保做强一个自主可控的新媒体平台,而不是"村村点火、处处冒烟",湖南广播电视台向芒果TV倾注所有优质资源,将湖南卫视的一些重点节目版权统归芒果TV。同时,施行视频新媒体归口管理,规定所有下属频道及企事业单位的视频新媒体只有芒果TV一个出口。地面频道既不能做新媒体,也不允许对外合作。

娱乐立台的湖南卫视的这一举措是有远见的。芒果TV以湖南卫视为母体,后者优质内容的生产能力和创新能力在同行中处于领先地位。湖南卫视不计成本地为芒果TV输出内容,保证芒果TV内容的独特和优质,也为芒果TV吸引了大量会员。这使得芒果TV很快成为继爱奇艺、腾讯视频和优酷土豆之后的视频内容生产第二梯队,甚至成为诸多互联网综艺节目的"黄埔军校"。

在政策、资金、用户、平台各方面的资源倾斜下,芒果TV建设五年多来发展良好。截至2019年5月底,芒果TV全平台日活跃用户数突破6800万,有效会员数破1400万,运营商业务全国覆盖用户数达1.47亿。财报显示,经芒果TV重组升级的芒果超媒在2019年一季度业绩持续增长,实现营业收入24.85亿元,成为连续两年实现盈利的新媒体视频平台②。芒果超媒一步步发展壮大。在2019年5月27日发布的《2019中国网络视听发展研究报告》中,

---

① 黄从浩:《踩着湖南卫视尾巴起舞,芒果TV还能走多远?》,微信公众号"网视互联",2019年3月24日。
② 《湖南广电吕焕斌:芒果TV全平台日活量破6800万》,网易科技报道,http://tech.163.com/19/0528/19/EG9PBNK600097U7R.html♯,2019年5月28日。

BAT(百度、阿里巴巴、腾讯)、芒果 TV 四足鼎立态势已经被清晰地写入其中①。2019 年 12 月 18 日,芒果 TV 官方账号显示,芒果 TV 已跻身世界媒体 500 强名单,排名第 222 位。

## 6.2 芒果 TV 的产品

芒果 TV 在靠湖南卫视王牌综艺版权的独播积累了原始资本之后,重点发展自制能力,从独播向独特迈进,打造现象级内容生态,瞄准国内第一综艺视频平台。具体策略体现在五个方面。

(1) 倾力制作一些头部和爆款内容。芒果 TV 注重做好头部内容,即现象级网综节目,用强 IP 带动内容,以此与视频网站竞争。

2015 年,芒果 TV 全面启动独播战略后,就诞生了《天天向上》、《爸爸去哪儿》(第三季)、《我是歌手》、《我们都爱笑》等一批王牌节目。2016 年,芒果自制节目和独播节目全面开花,制作了《爸爸去哪儿》(第四季)、《2016 超级女声》、《明星大侦探》、《妈妈是超人》、《旋风孝子》、《黄金单身汉》六大优质 IP 节目。2017 年,芒果 TV 继续开发自制综艺,并且基于对年轻人喜好的精准分析推出《明星大侦探》(第二季)、《真正男子汉》、《重返地球》、《暗黑生存》等自制综艺节目,同时也自制《你好,对方辩友》等青少年题材网剧。2018 年,其自制的三档综艺节目《向往的生活》、《亲爱的客栈》、《中餐厅》为芒果 TV 赢得超 45 亿的播放量。2019 年,继续强势推出《妻子的浪漫旅行》、《女儿们的恋爱》、《哈哈农夫》、《明星之旅》、《明星大逃脱》等真人秀表演。

众多综艺节目以青春活力吸引了大批年轻人,不少成为爆款并反哺电视节目。其中,《爸爸去哪儿》这档节目开辟了亲子主题的"蓝海"——以明星爸爸和孩子为主角,联合外景拍摄制作,不仅其新鲜创意吸引了众多粉丝,还运

---

① 《〈2019 中国网络视听发展研究报告〉重磅发布》,百家号"1905 电影网",https://baijiahao.baidu.com/s? id=1634743789981356594&wfr=spider&for=pc,2019 年 5 月 28 日。

用内容和品牌的共生话题适时推出广告,释放品牌的最大效果。第二季在当年关联视频播放总量突破 1 亿,网站单周点击量超过 1.7 亿[1];第四季总播放量突破 36 亿[2]。

(2) 将湖南卫视独家版权内容优势最大化。从芒果 TV 首页栏目的功能设置来看,主要是将湖南卫视的一些强档节目(包括综艺、电视剧、电影)单独展现,将湖南卫视独家版权的优势最大化。它不仅拥有直播平台,还拥有社交功能。用户点击这些节目可以分享到微信、QQ 等社交平台,还可以点赞、收藏。

图 6.1　芒果 TV 首页栏目功能设置

(3) 主打综艺特色,建立综艺矩阵。湖南卫视和芒果 TV 在内容制作方面的优势是综艺类节目。自 2016 年起,芒果 TV 的综艺节目用户份额就达到行

---

[1] 《芒果 TV 发展历程》,百度文库,https://wenku.baidu.com/view/5c8698bc59eef8c75ebfb383.html,2015 年 11 月 6 日。
[2] 《〈爸爸去哪儿 4〉收官播放量破 36 亿　笑点与泪点齐飞》,搜狐号"人民网",https://www.sohu.com/a/123912883_114731,2017 年 1 月 10 日。

业的 26.8%。2018 年开始,芒果 TV 打造第一综艺视频平台,加大网生综艺节目自制力度,投入打造亲子节目、悬疑智力节目、芒果系综艺、"酷文化"节目、新型情感节目、广告定制节目六大黄金综艺带,形成一个立体的综艺矩阵。芒果 TV 的综艺全内容矩阵吸引用户深度参与,用户的规模和忠诚度同步提升。

(4) 主旋律作品主流化。虽然主打综艺作品,但芒果 TV 也高度重视主旋律作品的传播,推出一系列网络化、青春化的主旋律作品,如《不负青春》、《我的青春在丝路》等。《我的青春在丝路》是为了迎接 2018 年全国两会,由芒果 TV、湖南广播电视台新闻中心和共青团中央宣传部联合摄制的主旋律纪录片,每集讲述一个在"一带一路"沿线国家追寻青春梦想的年轻人的故事,被称为"用正能量的中国故事来讲述中国式青春",其视频播放量近 2 000 万。这些主旋律节目由于策划新颖、表达创新,受到年轻人的喜欢,播放量都比较高。

(5) 构建"一云多屏"的芒果内容生态。制定独播战略后,芒果 TV 移动端 App 优势明显。2014 年 9 月 9 日,芒果 TV App4.0 正式上线,仅仅 2—3 个月时间,移动端流量超过 PC 端流量,在 App Store 娱乐和免费双榜中均排名第一。2016 年,芒果 TV 继续加快"多屏合一"传播体系的探索,进一步规范各端视频及节目、剧集 ID,保证媒资内容和信息的一致性,先后成功开发出芒果 TV 视频网站、芒果互联网电视、芒果 TV 移动客户端、PC 移动站、PC 客户端、手机电视、湖南 IPTV 共计七大传播方式下的十多种产品或品牌集群,建立了一个以芒果 TV 为核心品牌的视频终端及内容生态圈的"一云多屏"立体传播体系。用户通过一个账号,既能享受节目的精彩,又能在收看过程中获得参与互动的乐趣。

## 6.3 芒果 TV 的创新:独立制片人和工作室机制[①]

提到芒果 TV 的独播,不能不提到其首创的独立制片人制和工作室机制。

---

① 本节内容资料来自 2018 年 6 月中央电视台发展研究中心对芒果 TV 的调研。

正是这样的机制给了芒果 TV 的核心节目团队和项目负责人大胆独创的权利,使他们在内容创作的道路上一路披荆斩棘,制作出一个又一个优质节目。

节目内容的创新终究来自机制体制的创新,只有在机制上真正做活,才能促进人才的积极性,带来源源不断的节目制作灵感。湖南卫视向来拥有丰富的人才储备、独立完整的制作支持体系、强大的研发系统和资源聚合能力。湖南卫视的导演人数接近 600 人,还拥有包括制片、演播、艺统、导摄、服化道等 100 多人的支持系统,工种齐全。但近年来,相对优厚的待遇使一批导演逐渐缺乏"狼性",守成心态日益凸显。因此,在新的全媒体环境竞争态势下,湖南卫视需要再次激励团队创新创优。

芒果 TV 的工作室机制由之前湖南卫视的独立制片人制进一步改革而来。实践证明,工作室机制有利于发展和吸收更多优秀人才,不断开发新的 IP,制作出丰富多元的内容,打造现象级内容。2018 年,芒果 TV 成立了七大工作室,为芒果 TV 孵化出十大金牌制作团队。七个工作室分别为:

王琴工作室(代表作品《我想和你唱》、《儿行千里》、《金鹰节颁奖晚会》)

沈欣工作室(代表作品《天天向上》、《2018 湖南卫视小年夜春晚》)

刘建立工作室(代表作品《汉语桥》、《全球华侨华人春节大联欢》)

陈歆宇工作室(代表作品《亲爱的·客栈》、《我家那小子》)

徐晴工作室(代表作品《声临其境》、《一年级》)

刘伟工作室(代表作品《快乐大本营》)

王恬工作室(代表作品《中餐厅》、《透鲜滴星期天》)

这七个工作室自 2018 年 1 月试行工作室机制以来,均带有自身鲜明特色的 Logo,已初显头部效应,主创节目品质和效果优势明显。七个工作室事实上已经成为湖南卫视的领头羊,起到头部引领和价值标杆的作用。此后,芒果 TV 又接受了各制作团队成立工作室的新一轮申请,2018 年 9 月增加了 5 个工作室,工作室数量达到 12 个。

工作室拥有以下权限:

(1) 拥有人财物自主权。芒果 TV 将人财物权全部下放给工作室,由工作室决定团队的人员、人数、费用支出及奖励分配等。从创意、制作到资源,这些工作室完全独立发展,风险由芒果 TV 承担,节目成为爆款后,工作室和平台共享收益。

(2) 创新保底制度。只要创新项目立项通过,芒果 TV 就可以为工作室提供所有基本制作费用作为保底。这笔费用已涵盖人力成本,工作室可以安心制作节目,只对内容品质负责。另外,这笔费用也可以避免工作室用力挤向头部内容和品类。为鼓励创新,芒果 TV 还设立了基础奖金池,也称为"试错奖金"。一旦有创新的项目立项通过,便可申请获得基础奖金。这可以鼓励每个团队向感兴趣和擅长的方向发展,而非涌向同一个方向。

(3) 在人员筛选上有话语权。独立工作室与独立制片人相比,王牌制作人有了更大的自主权限。制作人在人事、薪酬等方面都能够掌握主导权,打破了原来"统一招聘、统一分配"的人才招聘制度。在对人员的筛选上,制作人拥有最大话语权,允许制作人在创立工作室时对团队重新洗牌。

(4) 激励梯次多。芒果 TV 将广告营收的 3%—5% 奖励给工作室,还根据播放量、市场份额、各类政府及社会获奖情况,在年底进行多梯次奖励,并且规定奖金分配给制片人的比例不低于 1/4,让工作室看到做得好是有希望的。

(5) 考核制度。工作室的考核体系由节目制作中心管理,以工作体量和工作质量为考核标准。工作体量的考核以时间为评价周期,实施动态管理。芒果 TV 对工作室的工作体量有具体规定,如果一年之内不能达标,工作室可能被降为团队。

(6) 创新激励机制。以投入产出为依据进行绩效分配,设置项目价值奖。创新竞标体系考核由创新研发中心负责,以鼓励工作室获得新的定制项目。激励机制一是体现在经济回报上,例如好方案有奖金,新项目有奖励,高收视率有收视奖等;二是体现在给个人更多的提升机会。工作室的项目嘉奖在核心成员中实现分配,目的就是让团队中最优秀的人能得到重点激励,自主权更大、更加独立的工作室将有更大的积极性投身节目制作。

在这样的工作室机制激励之下,12 个工作室成功高效运作,全面激活了

20多个导演团队。12个工作室拥有湖南卫视26个节目团队中51%的导演人数,主创完成了湖南卫视接近80%的自办节目量,获得超过90%的频道营收。与此同时,原创动力增加。在芒果TV平台上,来自12个工作室的方案占比约为70%,例如现象级原创节目《声临其境》就诞生在徐晴工作室,《我家那小子》出自陈歆宇工作室。

## 6.4　对芒果TV独播战略的评价:独播并非适合所有平台

芒果TV是湖南卫视探索传统电视媒体与新兴媒体融合的产物,芒果TV的独播视频平台被认为"打响了传统电视媒体与新媒体融合'第一枪'"[1],也被业界看作传统电视向视频网站吹响的"反击号"。对整个行业来说,芒果TV的实践有多重价值。

首先,芒果TV平台的独播维护了湖南卫视的节目版权。层出不穷的新媒体播出平台出现后,视频网站对传统电视节目的侵权现象越来越严重。在传统的卫视分销互联网播出权中,卫视自制的节目被不同平台播出,甚至是随意播出,削弱了主流平台的影响力和竞争力。湖南卫视作为杰出的省级卫视,希望其自身平台芒果TV拥有独一无二的播出权,值得被理解和尊重。

其次,独播可以带来更大的利益回报。视频网站购买卫视节目播出权,得到的收益来自三个部分:一是广告收入,包括冠名权收入、贴片广告收入、插播广告收入等;二是平台影响力,借助卫视优质节目可提升网站影响力,间接扩大广告效应;三是延续性收入,即重播或者单个节目被点播所带来的广告收入。而这些收益如果采取独播策略则可以将利益转化到卫视自己身上。

再次,卫视对热门综艺节目实行网络独播可倒逼其网站自身建设和内容建设。在独播的限制下,芒果TV只有更进一步提升其节目内容品质,强化网站对用户的吸引力,打造自我品牌,办出自我特色,才更有生命力和影响力,

---

[1]　粮宁:《"芒果TV"的实践对媒体融合发展的启示》,《视听》2017年第12期。

才能够在独播政策中获益,而不是依靠转播其他网站的作品来获得影响力。这是芒果 TV 对建设自身网站提出的更高要求。

因此,湖南广播电视台高喊的"芒果独播",表面上是对互联网改造的一种对抗,拒绝互联网的开放和共享,实质上是放弃短期经济利益、着眼长远发展的市场竞争策略。此举将更进一步提升网站自身节目内容品质,聚合忠实用户,获得独家版权利益,打造节目品牌和平台品牌。从长远来看,独播政策对芒果 TV 这一具有内容制作优势的平台来说利大于弊。

但是,独播也并非适合所有平台。芒果 TV 之所以能够高调启用独播战略,来自其自身两个优势条件。一是差异化的、丰富的内容资源。湖南卫视坚持"娱乐立台"多年,积累了大量丰富的节目资源、忠实的年轻粉丝受众和一批不畏挑战的"湘军"节目制作人队伍。这些"家底"足以让它有充分的自信坚持独播:如果有需要,它随时能够制作出符合年轻人娱乐需求的优质节目。二是平台资源。湖南广播电视台为做强芒果 TV,将所有的新媒体资源倾注到芒果 TV 平台,不仅注入优质资源,规定湖南卫视的一些重点节目版权都统归芒果 TV,而且还施行了视频新媒体归口管理,规定所有下属频道及企事业单位的视频新媒体只有一个出口,必须通过芒果 TV,不能自行对外输出视频新媒体。地面频道不能做新媒体,也不允许对外合作。这样的政策确保芒果 TV 平台聚拢大量优质内容资源。平台和内容相辅相成,形成良性循环。

此外,独播也具有一定的局限性。独播虽然会为视频网站带来丰富的节目资源,吸引忠实用户,获得版权盈利,但最大的一个问题就是内容不够丰富。例如,尽管芒果 TV 有大量优质节目和斥资十亿打造的自制剧计划,但与其他商业视频网站相比仍显单薄。虽然芒果 TV 坐拥湖南卫视资源,但一个电视台的资源终归是有限的。

芒果 TV 也意识到这个问题。它从 2015 年下半年开始弱化"独播",强调"独特"的概念,提出由"独播到独特"的口号。王牌综艺《爸爸去哪儿》的分销正式宣告独播战略的结束。笔者认为,芒果 TV 下一步还可以发动 UGC 的制作力量,以热门综艺和自制剧为核心,加强与网友的互动,探索"核心优质资源+UGC"的独特模式,以大量原创UGC弥补内容资源可能单薄的不足。

  总体而言,独播是芒果TV结合自身优势所作的战略,有其特殊性。对于传统电视媒体与新媒体如何融合发展这一问题,各媒体应结合自身的实际情况,综合衡量和具体分析,不能盲目模仿和生搬硬套。

# 7 湖北广电长江云：面向地方的移动政务新媒体平台[①]

在推动传统主流媒体和新兴媒体融合发展中，湖北广播电视台（湖北广电）独辟蹊径，最早着手打造政务官方新闻平台"长江云"。这是全国首个以"云"的方式建立的官方客户端。

## 7.1 长江云的艰难诞生

2014 年，湖北长江云新媒体集团在湖北广播电视台党委的支持下，推出长江云客户端。2014 年 9 月 28 日，长江云全线产品正式上线。2014 年 11 月，湖北省 27 个厅局的 40 个移动端产品集中加入长江云平台。在先进技术的支持下，2015 年 9 月 10 日，全国首创的区域性生态型融媒体平台——湖北新媒体云平台正式推出。

长江云的建设并非一帆风顺。2014 年以前，湖北省只有一两个主流媒体拥有自己的客户端，人们对利用云计算、大数据等最新技术打造的长江云平

---

[①] 本章部分内容资料来自 2018 年 6 月中央电视台发展研究中心对长江云的调研。

台很难理解和接受。与此同时,由于后台依赖外地公司,响应不及时,升级迭代滞后,用户体验不良,而主流媒体的单客户端模式也与商业媒体相比差了好几个量级,导致长江云项目团队在几个县市进行试点工作,大规模推广却始终停滞不前。长江云领头人、长江云新媒体集团董事长张继红介绍:"当时的情况是我们把长江云的情况到处推广,但跑了10家,有两家愿意合作就不错了。"但他们并没有气馁,决定从那些接触得比较好的县先开始试点。好在湖北省政府对于长江云的建设非常重视,先后11次发文要求各地主要领导挂帅推进。湖北广播电视台党委要全员上阵,在规定时间完成任务。就是因为这些支持和坚持,长江云团队在奔跑中凝成了一股力量,挺过难关,坚持到历史性的关键节点。

2016年2月19日,习近平总书记主持召开党的新闻舆论工作座谈会并发表重要讲话,为传统媒体的融合转型带来了重大利好消息,长江云也借此迎来了重要的历史机遇。在习总书记讲话后的第十天,湖北省委常委会作出决定,在湖北新媒体云平台的基础上建设"功能完备、运行通畅、覆盖全省、互联互通"的长江云移动政务新媒体平台,内容定位由单纯的新闻拓展为"新闻+政务+服务"。这使长江云平台正式升级成为湖北省委推动传统媒体与新兴媒体深度融合发展的战略,也使长江云实现了3.0版的升级。

在湖北省委的重视和行政推动下,长江云发展迅速,仅用3个月的时间就完成了试点工作。2016年第二季度,长江云已支持包括湖北省农业厅、湖北省人大等职能部门和周边县市等各地的新媒体产品200多个,服务用户规模超过500万。截至2017年年初,长江云上湖北的频道已经签署了117个客户端,能够把湖北省委省政府的声音都发布到客户端上。2017年两会开始时,长江云已经完全按照融媒体中心"中央厨房"的方式来运作了。截至2019年8月,长江云已成为全国首个将舆论引导和意识形态管理、政务信息公开、社会治理和智慧民生服务三者融为一体的"新闻+政务+服务"新媒体平台,不仅在湖北省上线120个"云上"系列客户端,还汇聚政务"两微"账号3 985个,入驻党政部门单位2 220家,接通民生服务58类152项,全平台有用户

8600多万[①]。

2018年9月6日，中宣部副部长、国务院新闻办公室主任徐麟视察长江云平台后，确定以长江云平台为基础制定全国技术标准。2019年1月15日，中宣部正式发布《县级融媒体中心省级技术平台规范要求》和《县级融媒体中心建设规范》，两个文件充分吸收了长江云平台三年多的实践探索。中共中央政治局委员、中宣部部长黄坤明在实地考察长江云后表示，"全国要更多地借鉴长江云的经验"。

长江云以湖北广播电视台为依托，以全省政务、新闻、服务为资源，力图打造一个集新闻、政务、服务为一体的信息互动平台。它整合了地方资源，创建了传统广电发展的新模式，树立了自己的公信力和竞争力，开辟了一条以广电为基础的媒体融合发展之路，探索了媒体融合的湖北模式。

## 7.2 长江云的产品和功能

### 7.2.1 治国理政新平台

作为全国首个媒体-政务平台，政务服务是长江云最重要的组成部分，也是其最主要的功能。平台上的"长江云全省政务通"是联通湖北省各级政府的政务聚合平台，不仅整合政务信息，也以服务者的姿态去与政务信息的提供者——各级党政机关合作。

长江云连接了媒体与政府。湖北广播电视台认为，媒体获得政府部门的支持是非常重要的。首先，政府部门不仅可以给媒体提供资金上的支持，也可以将自己平台上的流量输入媒体，而老百姓对此有着巨大的需求。例如，老百姓都要通过政务新媒体平台查车辆违章、缴纳罚款和获得很多本地服务，这种政务市场需求比传统的新闻市场要大很多。其次，政务信息建设也是有门槛的，而这个门槛只有主流新闻媒体可以跨越，因此在某种意义上，与

---

[①] 刘欣：《解密长江云：这是一次凤凰涅槃式的自我革命！》，微信公众号"广电独家"，2019年8月30日。

政务的融合是主流媒体的独家资源和优势。再次，媒体在信息服务方面有着专业的优势，这与政府部门的流量优势形成了很好的嫁接。

长江云连接了用户与政府。长江云可以实现政务信息的便捷获取，包括政务信息一键获取、政务微博微信一键关注、政务应用一键下载等功能。"对于受众来说，如果你不但能让他们了解新闻信息，还能帮助他们解决生活工作中的实际问题，这就具有了独家优势。所以，传统媒体在融合媒体环境下做新闻，实际上做的是信息服务。也就是说，不是通过信息带动流量，而是通过服务带动流量。"[1]这正是长江云的追求。

对党政机关而言，使用长江云能够省去新媒体产品设计、开发、维护的成本，以便捷的方式生成一个包括 PC 站点、微信、微博、移动应用在内的新媒体产品矩阵，在提升效率的同时保证信息发布的安全有效和较好的媒介到达率。同时，这种面向党政机关的易用性带来了一个好处，即实现了大量真实的对用户有效的政务信息在长江云平台上的汇集。这就形成了一种产品发展的马太效应：越好用，就汇聚越多有效的、真实的、权威的信息；这样的信息越多，用户就越多，产品就越能发展，媒体融合就越成功。或许，这就是媒体融合湖北模式成功的根本原因。

从媒体平台升级为移动政务新媒体平台，一大难点是要把产品模式和服务模式确定下来。长江云选择湖北恩施作为试点，派团队对接恩施的 20 多个政府部门，了解其需求，梳理政务服务体系，历时三个月，最后形成"十个一"的标准流程和三大本操作手册，探索出一个完整的标准规范。试点成功之后，长江云将这个规范在湖北全省推广。

### 7.2.2 统分结合的共享机制

这个媒体融合湖北模式的核心秘诀，就是一种共享和共赢的模式，实际上也就是一个统分结合的共享机制。

---

[1] 刘欣：《解密长江云：这是一次凤凰涅槃式的自我革命！》，微信公众号"广电独家"，2019 年 8 月 30 日。

从"统"的角度来看，长江云所有终端产品共享一个技术后台，可以实现终端产品大规模低成本快速复制。在这个技术平台的构建中，湖北广电只需要负责顶层设计和基础平台搭建，比如长江云技术平台的搭建、客户端的统一规划和制作等，各政府部门的终端建设都可以复制完成。这有利于统一管理，也节约了人力和技术成本。

除了平台共享外，长江云还通过"云稿库"实现对湖北全省新闻资源的共享，而长江云过去独家拥有的很多经营牌照也实现了全平台共享。未来如果可以进一步打破行政上的壁垒，长江云的移动采编系统也将实现全平台共享，届时湖北全省所有记者都可以在这个系统上用手机做采访、编辑、审稿和发布。

从"分"的角度来看，长江云又把每个客户端的管理和运营交给当地，几乎每个市县都成立了协调领导小组，专门负责长江云的建设和推广。与此同时，长江云还给各地宣传部门组织了两万多人次的培训，并且将平台管理的钥匙直接交给当地。据介绍，交钥匙工程一次性在湖北全省 16 个市和州全部完成。

此外，"云上"客户端实行属地管理，品牌归当地所有；内容编排由当地负责，32 个功能模块由各地自主选择配置；独立经营收入归己，合作运营按用户数和点击量分成。

2019 年，湖北省参与共建共享的 120 个运营单位已经组建成立"长江云平台运营合作体"，试行直播积分制，探讨舆情广告加盟、广告联合招商、新媒体版权代理等业务，还成立技术联盟，与中央媒体和各大商业平台签订合作协议。这些措施都是通过整合用户资源来提高议价能力，以实现社会效益和经济效益的最大化。

## 7.3 长江云的创新：发挥核心竞争力，深挖本土需求

作为全国第一个新闻政务服务平台，长江云创新地找到了自己的核心竞

争力,打造了自己的品牌,发挥了本土优势。

### 7.3.1 找到核心竞争力,实行差异化竞争

几乎所有成功的媒体融合案例都找到了自己的核心竞争力,湖北广电也不例外。通过多年的融合发展实践,湖北广电已经明确这样一种媒体融合的核心思路:在发挥广电优势的同时,与新媒体相适应。湖北广播电视台台长王茂亮曾提出:"大量事实表明,越是信息泛滥,越是众声喧哗,人们越渴望听到主流媒体的声音,传统媒体的权威性、公信力、内容优势就越发明显。"[①]

湖北广电实际上找到了一条与新媒体差异化发展的战略:面对无数内容提供者,将"内容为王"改为"权威内容为王",树立"新闻立台,权威内容为土"的核心思路。

在这样的发展思路下诞生的长江云,不仅仅是技术、内容与受众的融合,更是一种媒体角色和媒体公信力的融合。在信息时代,用户希望获得快速、海量的信息已经不是什么困难的事情,但如何找到真正权威、正确、有公信力的信息和观点,却不是那么容易。长江云填补了这个市场空白。在这个意义上,长江云是一次真正的市场创新。

长江云不仅继承了湖北广电作为一个省级广电媒体的公信力,还汇聚了湖北省各级党政机关的信息发布平台,从而在一定程度上已经成为湖北全省最具权威性又不乏信息丰富度的媒体枢纽之一,具有不可替代的核心竞争力。

### 7.3.2 开创长江云新品牌,拥抱新媒体

品牌创新是长江云又一个有效的竞争策略。在当前广电媒体的品牌策略中,普遍存在两种思路:一种思路是利用原有的品牌影响力推广自己的新媒体产品,例如央视新闻、凤凰网都是这样的思路;另一种思路是使用全新的

---

① 刘欣:《解密长江云:这是一次凤凰涅槃式的自我革命!》,微信公众号"广电独家",2019 年 8 月 30 日。

新媒体品牌,例如湖南广电的"金鹰"、"芒果",上海文广的"看看"等。

长江云既延续了原来的品牌,又拓展了新的思路。湖北省与长江有着密不可分的联系,而长江又是为全国甚至全世界所熟知的中国地标。选择"长江"作为湖北广电新媒体的品牌,非常巧妙地实现了全球性的认知。"长江云"简单的三个字构成了一幅大气又优美的画面,既有中国画的意境,又有气贯长河的气魄和视野,同时顺应了当下云技术的潮流,长江云正是要成为信息、政务、媒体的云聚合、云服务平台。湖北广电希望在云技术的大潮中实现媒体融合的弯道超车,实现从一家省级电视台到一家新型主流媒体集团的转型。

### 7.3.3 发挥本地优势,深挖本土需求

在媒体融合时代,无论是新闻、政务还是媒体内容,都需要通过服务来实现。找准用户的需求点,为其提供针对性的服务,才是在竞争中脱颖而出的关键。长江云并不是一个单纯的媒体产品,而是一个发挥本地优势,深挖本土需求的新闻、政务、媒体服务平台。它对湖北省的用户进行深入挖掘,提供全方位的服务。

例如,在2018年10月16日至11月10日,长江云客户端连续推出六场"百天千万扶贫行动"系列直播,邀请明星扶贫代言人走进湖北省贫困县,将当地农副土特产品、手工艺品搬上手机、电视屏幕。长江云联合央视矩阵号、新华社现场云、117个云上客户端、斗鱼直播、京东公益、腾讯视频同步直播,同时,结合京东商城、垄上优选第三方电商平台同步销售直播商品,以"直播+电商"的模式为扶贫攻坚支招出力。截至2018年11月15日,六场"百天千万扶贫行动"直播平均每场各平台累计观看人数约为700万人,最高单场观看人数达1 629万人,累计点击量超过5 000万[1],累计实现销售额超过千万,成为湖北省融媒体传播助力扶贫攻坚的一次成功尝试。

---

[1] 《长江云客户端推出"百天千万扶贫行动"》,人民网,http://gongyi.people.com.cn/n1/2019/0110/c424400-30515733.html,2019年1月10日。

## 7.4 创新评价：湖北模式背后的互联网思维

湖北模式是长江云团队从实践中总结出来的媒体融合经验，说起来并不复杂，却要靠实干才能开花结果。回顾 2016 年至今的长江云平台建设过程，相当于长江云团队给湖北全省做了一次互联网思维的大"洗脑"，其转变的关键在于从传统思维向互联网思维的转变。

互联网思维体现在长江云建设的各个方面。例如，在长江云平台的搭建过程中，如果首先考虑地市级媒体使用客户端是不是要先给钱，这就是传统思维。长江云团队一开始就彻底颠覆了这个传统思维，而是本着一种让利共享的态度，把客户端的运营权和财政经费都让给地方媒体共享，将客户端的广告、直播收入通过建立运营合作体的方式带领大家一起去经营和创收，实现共赢。再例如，湖北全省与政务相关的客户端及相关政务资源都是依托长江云平台进行建设，长江云会统一进行技术支持和服务，这样就给各级政府减轻了很多负担。长江云为所聚合的 117 个客户端在交付的时候都要进行"针对性小班辅导＋集中性大班授课＋远程视频自学"等形式的业务培训，累计培训湖北省各市县区新媒体骨干两万多人次，带动县市的业务骨干一起发展。反过来，地方平台也可以为长江云提供丰富的资源。例如，长江云为湖北省纪委开发了一个客户端，仅三个月就积累了 140 万用户。长江云通过这个客户端搭载了一个学习共享平台，通过这个平台可以实现全省纪委部门工作人员在线考试，最高同时在线考试人数达到 20 万人。如果没有这样一个客户端，同时组织 20 万人的考试几乎是不可能的。

通过这种共赢模式，长江云把主流媒体的党媒基因和与时俱进的互联网市场做了一个很好的融合与嫁接。这种平台搭建和管理运营模式，没有行政支撑固然不行，单靠行政命令也不可能完全落到实处。各级各地政府部门和媒体之所以积极配合长江云建设，在于各级各地领导的思维转换和平台建设的共赢机制。

长江云是可复制的,非常适用于那些广电资源不强但有多重政务资源的地方媒体。继长江云之后,这种模式已经被一些区县级融媒体中心所效仿,比如四川广播电视台的"云里"融媒体平台、吉林电视台的"天池云"平台、江西广播电视台的"赣江云"平台、北京电台的融合型节目制播云平台"讯听云采编"等。浙江广电集团建成"中国蓝融媒体中心",采用私有云和公有云的混合云架构,实现基础架构服务、应用服务的统一监控、统一安全和云管理。江苏广播电视台推进"荔枝云"常态化运用,其中,公有云平台部署内容云、广告云、移动云报道、云互动、云直播等应用服务产品,私有云平台面向融合新闻生产业务及频道的节目生产制作与播出。这些云平台很大程度上共享当地资源,实现合作共赢。

# 8 新京报"我们视频"：当短视频遇上严肃新闻[①]

一些传统媒体在转型的过程中，以内容为抓手，集中力量做新媒体产品——短视频或移动直播。《新京报》就是一个制作短视频的典型。《新京报》旗下的"我们视频"自2016年创办以来，就立志要打造成中国最大最有影响力的移动端新闻视频生产者。以"我们视频"为代表的《新京报》互联网转型，把纸媒的影响力大大延伸，成为纸媒转型的标杆。

## 8.1 《新京报》做短视频的原因

短视频于2014年在国内出现以后，持续呈现蓬勃发展之势。其迅速兴起和蓬勃发展源于两个方面的原因。一是4G网络的持续发展。相比以前的2G和3G网络，4G网络运行更加流畅，这为短视频的传输和观看提供了技术支持。二是用户在移动端花费的时间越来越多，而短视频恰恰是占据用户移动端碎片化时间的有效形式。根据艾瑞咨询数据，国内移动视频用户规模在

---

① 本章内容资料大部分来自2017年3月和2018年3月中央电视台发展研究中心对新京报"我们视频"的两次调研。

2016年12月已达到5亿,移动视频使用率达到71.9%[①],每月在线视频活跃用户规模增速为38.6%[②]。在线视频活跃用户2017年和2018年都呈现增长之势。在这两个有利条件下,短视频的兴起成为不可阻挡的趋势。

一时间,短视频发布平台和制作机构不断涌现。自快手、秒拍等聚合平台出现以后,今日头条发力短视频平台,短视频专业制作机构梨视频上线,二更生产量剧增,腾讯专门成立短视频中心,优酷土豆打造新土豆网。但这些视频聚合平台归根结底都只聚合UGC的视频。UGC由于专业性不强、内容品质得不到保障而无法满足所有用户需求,用户需要高品质的短视频内容。于是,一批传统媒体开始向短视频进军,生产PGC短视频内容。2016年,一批报纸在融合转型的过程中提早嗅到短视频的发展契机,大举进入短视频制作领域,浙报集团的"浙视频"、《新京报》的"我们视频"、《南方周末》的"南瓜视业"等相继出现。

2016年10月9日至12日,《新京报》连续四天刊登一组广告,宣传语分别为:"新闻直播,看我们!""新闻视频,看我们!""新闻现场,看我们!""关键时刻,看我们!"这个"我们"是指《新京报》与腾讯合作的项目"我们视频"。《新京报》随后提出"移动优先、视频优先"的口号。

"我们视频"副总经理彭远文介绍,"我们"这个名字并没有什么特殊的含义。当时《新京报》内部有奖征集过视频项目的名字,全报社收集了两页文案,最后领导定的"我们"。大家一致认为,这个名字很响亮,也很好记。经过较长时间的招聘,截至2019年年底,"我们视频"共有正职采编人员130余人,实习生20余人。视频日产量接近200条,是报社内容总产量的三分之一多,并且在《新京报》App和各大平台终端上的PV(页面浏览量)、VV(播放次数)长期稳居头部,月均生产视频3 000多条,内容涵盖时政、社会、经济、文娱、趣

---

① 王璐璐、吴洁:《行业优势突显　短视频仍需变现赋能》,《中国企业报》2017年12月12日第09版。
② 梁缘、潘悦:《[图解]短视频月活跃用户年规模增速38.6%　投资案例数暴增122%　被"高估"了吗?》,界面新闻,https://www.jiemian.com/article/959392.html,2016年11月15日。

闻、国际等多个垂直细分领域。可以说,视频内容现在是《新京报》内容资讯池子里不可或缺的重要组成部分,也是《新京报》转型成功与否的重要标志。

创办三年后,"我们视频"已经形成了自己清晰的定位和明确的战略思路,即"只做新闻,不做其他"。《新京报》擅长严肃新闻,而"我们视频"认为,以短视频的方式来呈现严肃新闻同样是刚需。虽然做视频和做纸质版的新闻在形式上不一样,但本质是一样的。"我们视频"擅长用自己的新闻采访资质,对热点事件进行深层次介入,让受众更深刻地理解新闻事件。尤其在新闻短视频领域准入门槛低的时候,更要保证新闻内容真实准确。这个明确的定位让"我们视频"在众多做短视频的传统媒体中一枝独秀、引人注目。

截至 2019 年 12 月,"我们视频"形成大内容、大运营、商业和版权四大板块,产品形态包括直播、短视频和小视频,基本实现早期定下的用直播、短视频和小视频覆盖重大新闻现场的目标。关于将来,"我们视频"也有明确的目标:一是持续提升影响力、公信力和传播力,稳居中国新闻移动视频的头部地位;二是在版权收入之外,在商业开发上取得大的突破,实现自主创收、良性可持续性发展;三是培养一支成熟的坚守新闻生产规律、互联网传播规律的优秀团队。

## 8.2 "我们视频"的主要产品

### 8.2.1 定位清晰的原创节目

"我们视频"依靠自己的内容生产团队自主独立拍摄剪辑,生产了大量的原创视频报道,平均时长在 3—8 分钟。原创报道主要包括四类。

(1) 重大时政类。例如,全国两会专题、改革开放四十周年、新中国成立七十周年等相关时政报道。

(2) 深度调查类。例如,暗访招聘整容骗局、卧底传销八天七夜、密探雪乡旅游宰客等深度调查。

(3) 人物专访类。例如,对企业家王小川、李东生、明星黄觉、邱泽、蔡徐坤,热点人物锦鲤信小呆等人的采访。

(4) 新闻策划类。例如,对汶川地震十周年、《咱爸咱妈》(第一季)等的相关策划报道。

根据这四大类型,"我们视频"将刚需硬新闻和深度产品等多个维度结合起来,开创了十几个栏目,包括:专注暗访、卧底调查的《背面》(Spotlight),关注纪实新闻人物的《面孔》(Face),街采热点话题 Voxpop,主打有趣的泛资讯短视频《有料》,视频评论节目《陈迪说》。《局面》、《紧急呼叫》、《面孔》、《背面》等原创栏目领衔刚需硬新闻和深度产品,在基础事实和社会反馈上用内容饱和度"喂饱"好奇心。还有国际新闻报道《世面》、政务报道《政面》、娱乐新闻《出圈》、UGC《拍者》、传播正能量的《暖心闻》等,形成了定位不同、受众不同的 MCN 内容矩阵。

图 8.1 "我们视频"部分栏目 Logo

人物专访短视频栏目《局面》是"我们视频"的王牌栏目,由资深新闻主持人王志安主持调查。《局面》因与热点事件当事人进行面对面访谈,披露独家信息,获得网民关注。例如,《局面》采访过"杭州保姆纵火案"当事人、梁山格斗孤儿等热点人物。2017 年,《局面》独家记录了"东京女留学生遇害案"当事人江歌的母亲与室友刘鑫见面的场景,视频时长 7 分 15 秒,披露了很多观众不知道的细节,在全网获得 4 237 万播放量。

深度资讯视频栏目《紧急呼叫》是"我们视频"与腾讯新闻联合出品的视频栏目,聚焦突发新闻,强调信息的快速性和专业性。当热点新闻出现时,

《紧急呼叫》要求"我们视频"的记者迅速找到核心当事人,抵达核心现场,梳理鉴别真相,还原事实。例如,2018年1月,《紧急呼叫》揭开黑龙江雪乡旅游宰客的黑幕,探访记录酒店宰客、天价项目、导游打人等乱象,引发全网话题讨论。2018年7月,在中国游客普吉岛沉船事件后的第一时间,《紧急呼叫》率先抵达普吉岛游船沉没救援地赶做直播。直播当天即有超过2 000万网友在线观看。

《陈迪说》是一档时事评论短视频栏目,由国内新生代传媒KOL(key opinion leader,关键意见领袖)陈迪担任主持。这档节目既有时事题材节目的专业性与锐利度,又有个人内容产品的时尚感与感染力。节目以开明、多元、包容为价值基调,加上陈迪清新爽利的个人形象,在社交网络上广受年轻用户欢迎。

### 8.2.2 秉持新闻专业主义的内容

《新京报》的新闻专业主义报道理念是"我们视频"的立身之本。从新闻的采集到编辑,"我们视频"都严格遵守传统意义上的专业生产理念与流程。

#### 1. 新闻素材来源

"我们视频"的素材来源一是记者从网上得到报料之后加以求证。"我们视频"认为,在当下社会,由于有多种记录设备,如监控录像、行车记录仪和UGC拍摄视频等,使记者得到报料比以前更加容易,但记者求证是关键环节。例如,2017年7月在多个移动客户端平台播放量排名第一的"女子掌掴公交色狼",就是记者拿到公交车上的视频监控记录随后曝光获得高播放率。2017年9月在多个移动客户端平台播放量排名第一的"榆林产妇坠楼事件",也是记者多次赴案发现场采访关键当事人,获得一手视频资料和关键画面所揭示的真相。记者不仅首家发布了榆林产妇两次走出待产室的监控视频,还独家采访到产科和妇科主任,从多个角度确认事实。这使得这几条视频播放量过亿。在梁山少年孤儿小伍、小黄车押金、杭州保姆纵火案、红黄蓝幼儿园虐童事件、江歌母亲与刘鑫见面等话题中,都是因为"我们视频"采访到核心当事人，又依靠专业素养让核心当事人爆料，引发社会较高关注度。

《新京报》也有自己的拍客，但其拍客没有经过专业化训练，因此拍出的内容既不专业也无法核实，尤其是一些社会突发类新闻，拍客更没有资源。所以，《新京报》并未将重心放在拍客的建设上，而是注重培养自己的专业记者。"我们视频"主要负责人彭远文介绍，在遇到无法分辨的内容时，"我们视频"的原则就是不发，例如在台风天鸽来袭时，有几条台风的现场报道由于无法核实真相，最后没有发布。

二是记者策划选题自己出去拍摄。"我们视频"认为，新闻的核心是要"现场拿料"，要到新闻现场了解事实。就像新闻需要核心事实一样，短视频也需要核心画面。例如，车祸一定要拿到事发瞬间的核心画面才可以发布，所以要求记者必须拿着摄像机或者手机到现场拍摄。在 2018 年 8 月 24 日温州年轻女乘客搭乘滴滴顺风车失联事件发生后，25 日清晨，"我们视频"监控到该选题正在发酵，迅速派出值班记者赶赴现场采访到参与遗体搜救的救援队队长。虽然电话采访和画面搜集仍有一定难度，但记者已经抢先将该视频在事发次日上午 11 时发布到新京报网，比文字快讯发布更快。

2. 采编流程

"我们视频"认为，做短视频和传统报纸的新闻套路没有不同，快速、准确都是需要强调的能力，而这些能力也是《新京报》一直以来的强项。每逢重大热点事件发生时，各部门都会在同一个项目群内互通有无，同步选题和进度，将视频采、编、剪、文字、照片合为一体，最后实现同步发稿，打出融媒体组合拳。

"我们视频"还开发了"线上＋线下"、"短视频＋直播"、"连拍＋直拍"、"采访＋探访"、"跨组跨部门＋内部协作"等多种报道模式，使流程更加细化，分工更加细致，提高了效率，避免了资源浪费。

对焦点事件的关注和快速的反应机制是"我们视频"获得业内好口碑的重要原因。2019 年 3 月 10 日，从埃塞俄比亚首都亚的斯亚贝巴前往肯尼亚内罗毕的埃航客机坠毁，机上 157 人全部遇难，其中有多名中国人。收到消息以后,"我们视频"迅速反应,一边调配后方国际编辑人力支持,一边向北京本地涉事企业和埃塞俄比亚派出记者。事实证明,现场的"人无我有"就是增量。相比其他媒体,"我们视频"从现场传回来的空难素材非常震撼。

## 8.3 突破纸媒局限的机制创新:尊重人才,扁平化管理

"我们视频"在业务采编流程方面沿用传统规则,在行政管理方面采用互联网的扁平化管理。

"我们视频"执行制片人刘刚介绍,"我们视频"的部门管理呈扁平化趋势,鼓励效率优先。例如,"我们视频"现有(截至 2018 年 3 月)一个 150 多人的内容生产团队,这 150 多人除了设立两个负责人之外,没有其他的管理岗位。大家根据项目来承担责任,通常是被派到什么岗位就承担什么职责。例如,去前方采访就是记者,扛起摄像机拍片子就是摄像,在电脑面前剪片子就是剪辑,整体策划项目就是编导或制片人。凡是努力在一线工作的人都会得到相应的报酬和尊重,不会比在管理岗位的待遇差。这样就避免了浪费管理岗位,使"我们视频"的内部运转简洁、高效。

除了扁平化管理之外,"我们视频"尽可能地吸引视频专业人才加盟。近年来,有一批优秀的资深媒体人从电视台来到"我们视频",包括深圳卫视评论部评论员陈迪、中央电视台评论部彭远文、中央电视台资深记者王志安等。团队成员非常年轻,平均年龄只有 26 岁,但他们对于"我们视频"的推动和发展起到决定性的作用。

## 8.4 "我们视频"的创新价值:互联网时代仍然需要新闻专业主义

"我们视频"成立三年来,交出了一份亮眼的成绩单:全网视频生产总数超过 20 000 条,全网总播放量达 300 亿次,直播场次超过千场。截至 2019 年年底,"我们视频"日均产量超过 100 条,腾讯、微博流量超过 530 亿,微博矩阵

粉丝有上千万,单月总播放量达 45 亿次,几乎覆盖全部社会热点新闻,常据各互联网平台机构视频媒体排行榜第一名。例如,从 2017 年下半年开始,中国广视索福瑞媒介研究公司对腾讯视频、快手等九个主要短视频平台进行监测,发现在九个平台中,"我们视频"无论是单条播放量还是平台综合播放量都排名靠前,有些还成为爆款。在 2017 年 8 月综合发布量榜单中,"我们视频"播放量达到 10 亿。

### 8.4.1 坚守新闻专业主义

《新京报》的成功转型给我们带来的最重要的启迪,就是在互联网时代仍然需要新闻专业主义。"我们视频"用新闻专业主义精神制作出符合用户需求的高品质短视频,以"严肃新闻短视频"的形式走出了一条适合自己的道路。

新闻专业主义要求记者以客观、真实、准确的态度去报道事实,挖掘事情的真相。"我们视频"正是以严格的新闻专业精神来要求自己。

一是体现在其所报道的新闻中,所有的视频必须要有核心画面,并且这些核心画面必须经过专业记者团队的核实,对突发新闻的处理迅速、及时、高效,新闻报道的流程也必须符合专业的新闻生产流程。这使得"我们视频"能够在重大事件出现时第一时间制作出高品质的新闻,满足用户的信息需求。

二是体现在其管理流程中。"我们视频"的团队看起来人并不太多,但扁平化的管理使其一直高效运转。"我们视频"团队中的每一个人都可以被称作全媒体记者,他们身兼数职,不仅可以采访、写稿、拍摄、发布视频,还可以进行文字编辑和后台审核。无论是在管理岗、记者岗还是编辑岗、运营岗,所有人都从前端到后端付出了很多努力。

### 8.4.2 培养短视频制作专业人才

"我们视频"在一路前行中也遇到了不少困难,最大的困难来自缺乏短视频制作专业人才。

不少传统纸媒在向短视频转型的过程中,由于缺乏人手,试图通过从原有的文字图片团队中抽调人手组建视频团队，但"我们视频"没有这样做。"我们视频"认为，文字图片和视频的制作是两种不同的思维，视频制作的门槛很难由图片团队来跨越。因此，"我们视频"更倾向于直接招聘能够制作视频的专业人员。"我们视频"现有的(截至2018年3月)团队成员很年轻，平均年龄不到27岁。他们中除了少部分是从报社文字记者转型而来之外，更多来自对外招聘。虽然人员综合素质不错，但"我们视频"认为，他们在视频的拍摄技法、采访能力、突破能力、叙事结构、镜头语言等方面还有很长的路要走。

让记者做一个一专多能的人，是一个过于理想化的想法，在实际操作中往往做不到。实践也证明，同时具有新闻＋视频＋互联网综合能力的人是非常难找的。这不仅是"我们视频"面临的最大困难，也是所有媒体机构面临的困难。

## >>> 9  湖南红网：扎根人民群众，做好地方服务

湖南红网成立于 2001 年，是湖南省委、省政府重点新闻网站和综合网站。近二十年来，它以"打造以湖南新闻门户网为旗帜的综合网络服务平台"为目标，围绕党委和政府中心工作创造性地开展新闻宣传和经营工作，走出了一条符合重点新闻网站发展的新路子，成为国内重点新闻网站中唯一率先实现盈利的新闻网站。

### 9.1　红网的发展历史

红网的整体定位是湖南省委、省政府重点新闻网站和综合网站，是继湖南人民广播电台、《湖南日报》、湖南广播电视台之后的第四媒体。十几年的发展中，因为经营管理者、网站所有者、网站的行业管理部门的人事变化、观念更新，红网的定位经历几次争论与修正。

2001 年创立之初，红网的定位是要打造湖南新闻网站的航母，整合湖南所有传统媒体的新闻与内容资源，成为地方新闻网站样板工程。当时的办网指导思想是 12 个字——"就地起步，快速增长，争创一流"。应该说，这个构想

如果成功,对红网极为有利。但创业起步很艰难。据红网总裁舒斌回忆,2000年,红网仅有10人,靠借来的20万元启动资金起家①。

之后,湖南省委宣传部和省政府新闻办公室发文,要求所有湖南的传统媒体都不能独立办网站,只能在红网上拥有相应的二级域名,作为红网的一个栏目或者网站而存在。由于人事的更迭和各媒体之间的利益关系,新闻单位统一上红网的计划后来被湖南网络媒体"1+3"格局所取代:"1"是红网,"3"是湖南日报报业集团主办的湖南在线、湖南广播电视台主办的金鹰网和长沙晚报报业集团主办的星辰在线。

第二次定位变化是在建立湖南网络总站的构想终止以后,湖南省政府将红网定位为党网和喉舌网,要求把红网办成继党报《湖南日报》、党台湖南人民广播电台和湖南广播电视台、党刊《学习导报》之后的网络媒体,由省委、省政府领导出面协调,每年由湖南省财政给红网拨款。自此,红网正式成为拥有20个事业编制的省委宣传部直管的正处级事业单位。这次重新定位还解决了红网在湖南省的采访权问题。按当时的体制,国家新闻出版局还未向网络媒体的记者们颁发记者证,湖南省采取由省新闻出版局给红网发放省级记者证的办法,让红网记者能够在湖南省区域内进行独立的新闻采访。

红网的第三次定位变化是关于其网络名称的更改。按照其他省份的惯例,湖南省的重点新闻网站应该叫作湖南新闻网、湖南在线或湘网之类,让人一看就明白这是湖南省的新闻网站。但是取名为"红网"之后,这个名称响亮地传播开来,成为更加明确的一次定位。今天,我们看到,红网对外宣示的愿景是:红网——中国湖南第一新闻门户网站。

自创办以来,红网创造了许多中国网络媒体界的第一。它创建了"双端、三级、四屏"的树形融媒体党网旗舰。在内容上,以打造湖南新闻门户网为目标,围绕党委和政府的中心工作开展新闻宣传工作,梦想是成为湖南的新华社。在形式上,它充分发挥网络优势,以互联网思维直接管理和经营,积极跟

---

① 谢伦丁:《舒斌:红网,眼里与心底的那些光芒》,红网,转引自中国日报网,http://www.chinadaily.com.cn/hqzx/2011-06/13/content_12685765.htm,2011年6月13日。

进互联网的各种发展,走出了一条符合重点新闻网站发展的路子。

## 9.2 红网的主要探索和实践

作为新媒体传媒集团,红网拥有报、网、微、端、视、频的"两端、三级、四屏、六位一体"的树形全媒体矩阵。"两端"指的是 PC 端和移动端,"三级"指的是省级、市级和县级,"四屏"指的是电脑屏、手机屏、户外大屏、电梯小屏,"六位一体"具体包括红网网站、"时刻新闻"客户端、手机报、微博微信、电梯小屏和户外大屏等。这些渠道紧密联动,覆盖全省。其中,最大的两个阵营是红网网站和"时刻新闻"客户端。

### 9.2.1 红网网站及其内容建设:新闻立网,采编结合[①]

红网的内容主要以新闻为主,包括新闻资讯和时政评论两个方面。新闻资讯以湖南地方新闻为主,包括湖南各地的新闻和各个垂直领域的新闻。时政评论是使红网在网络媒体界鹤立鸡群、别具一格的板块,其品牌栏目《红辣椒评论》成为中国最大的网络原创时政评论基地。

《红辣椒评论》设有"马上评论"、"辣言辣语"、"谈经论政"、"观点撞击"、"幽默一刀"、"焦点专刊"、"百姓呼声"等特色专栏,每天发表原创评论 20 多篇。其中,"百姓呼声"成为党委、政府和人民群众沟通的一座桥梁,每年处理网民投诉上千件,办结率超过 90%。因为它的犀利和独特,《红辣椒评论》曾获得第十四届湖南新闻奖名牌栏目奖、中国新闻奖一等奖、中国互联网站品牌栏目等荣誉。

在获取新闻的方式上,红网采用采编结合。"采"是派出记者进行现场采访,获得原创内容;"编"是聚合已有资源。在成立初期,红网的人力、物力和财力都很有限,无法在新闻采访上进行大的投入。这种采编结合的方式比较

---

① 本节内容资料来自 2018 年 6 月中央电视台发展研究中心对红网的访谈。

适合自身状况。红网一方面派出自己的记者去前线采访做原创；另一方面，汇聚当地政府网站和相关资源。红网在湖南省有 14 个市级分站，123 个县级分站。总站和分站组成网群，共有几千人在平台上工作。这也是它能够获得很多优质内容的原因。

图 9.1　红网首页

### 9.2.2　时刻新闻客户端：聚合门户，推动融合

"时刻新闻"是由红网推出的新闻综合客户端。在聚合的优势下，时刻新闻成为一个集新闻资讯、公共信息、政民互动于一体的移动互联网聚合门户平台。它开设了头条、本地（包括市、县两级）、生活、呼声、政务、娱乐、财经、房产、汽车、购物等十个新闻页卡，还开设了视觉、订阅、服务三个功能页卡。不仅可以快速、全面、准确地发布省内、国内、国际等时事政经和社会新闻，还可以提供丰富的资讯服务。时刻新闻不仅成为湖南唯一的党网客户端，还成为湖南动态的最快发布渠道，湖南最大的政民互动、便民信息和手机办事平台。时刻新闻是全国率先实现省、市、县三级共建、共享、共赢的唯一客户端

平台。

时刻新闻的背后,由红网的"中央厨房"支持。2017年6月,红网正式启动"中央厨房"(融媒体中心)建设,在全国媒体中走在前列。"中央厨房"实现了新闻资讯"一次采集、多种生成、多元发布、全天滚动、多元覆盖为一体"的内容生产发布流程,推动了三个融合:内容与生产融合——让文字与音视频内容相融合,形成新表达;技术手段融合——让品牌产品与新应用相融合,形成新体验;平台资源融合——让省级平台与红网百余家分站相融合,形成新的采编体系和传播格局。"中央厨房"系统稳定以后,2018年6月初,"红网云"平台上线,实现电视台、网站、"两微一端"、报纸等媒体的全面融合,实现红网内部全平台联动。

### 9.2.3 与时俱进,打造红视频①

2018年,为适应移动端的需求,红网开始全面推进网站内容向视频化转型,发展"红视频"战略,要求全员成为全媒体采编人员,以满足县市区电视台融媒体发展需求。自成立以来,红视频发展顺利,制作了多个精品短视频。红视频有两个突出特点。

一是配合主流媒体策划重大宣传报道。红视频在党的十九大、第四届对非投资论坛、湖南省第十三届运动会等重大活动中都发挥了作用,通过设置议程制作了多个生动鲜活的视频。例如,《喜迎十九大　盛开的梦想》融媒体报道围绕经济、民生、脱贫、创业等热点问题推出原创稿件3 100多篇,获得1.3亿点击量。对第四届对非投资论坛进行全程记录和国际直播,这也是湖南首次对国际重大事件进行全网视频直播。在改革开放40周年之际,推出融媒体新闻专题《你好,40年》,将纪念改革开放与致敬新时代的主题相结合,每期视频点击量突破2 000万。在精准扶贫五周年之际策划了《大地颂歌 | 听！十八洞村民唱起丰收歌》等反映时代主题的视频产品。

---

① 本节内容材料由红网提供。

二是在视频中融入最新技术。红网将 H5、沙画、虚拟现实、增强现实、无人机、航拍、连环画、网络直播、在线访谈等新技术手段运用到宣传报道中,收到意想不到的效果。例如,融媒体沉浸式双语访谈《在湖南爱上中国》围绕湖南营商环境,把镜头对准在湖南生活、工作的外国友人,沉浸式的访谈代入感很强,取得较好的传播效果。在 2017 年 6 月特大暴雨洪灾报道中,红视频在红网"中央厨房"大数据监测部门的支持下,整合全网 1 000 多万条防汛抗灾动态信息,创新推出大数据解读产品两期,采用数据图解和 H5 的呈现方式,既有理性的数据,又有情怀和温度,迅速被全网转载。

图 9.2 《红网大数据告诉你》

## 9.3 红网的创新实践:接地气的地方新闻网站

红网打响品牌和积累人气的方法,就是接地气。作为地方新闻网站,红网不仅要满足资讯、娱乐的需要,还要在政府官员、企业和老百姓之间织一张细密的网,成为人人共享信息的平台。在实践中,红网充分利用自身优势,广泛联合地方网站和政府,向湖南本土居民提供政务、生活、旅游等全方位的服务。

"通过网络联系群众、服务群众,是红网出发伊始就已选择、坚持走了18年、还将继续走下去的路。"①18年来,红网利用互联网的优势,发挥党网的桥梁纽带作用,先后创办了《百姓呼声》、《问政湖南》、《消费维权》等栏目。2017年5月,红网率先在全国媒体中成立首个"网上群众工作部"。在湖南省委网信办的指导下,截至2018年年底,湖南省共有13个市州、100余个县市区专门为红网的网民留言办理工作下发"红头文件",与红网共享共建网上群众工作平台。全省有374名党政主要负责人主动上红网认领网民留言,其中,市州、县区党政"一把手"覆盖率高达99.6%。18年来已累计为红网网友解决或回应诉求22万余件,其中,仅2018年一年就办理了6.2万余件②。

18年来,红网一步步使网络真正成为沟通党情民意的快车道。手段齐、功能多、覆盖全、全天候不下班的红网融媒体问政格局已然成形。在红网的平台上,每天都有大量网友在发声。《百姓呼声》、《问政湖南》栏目先后荣获中国新闻奖一等奖名专栏奖;《消费维权》、《问政湖南》栏目先后两次获得"中国互联网站品牌栏目"称号;负责这项工作的团队被湖南省文明委授予"文明窗口单位",被湖南省妇联、全国妇联先后授予"巾帼文明岗"称号。2018年11月,红网加入"全国网上群众工作联盟"。

红网面向各街道打造的"社区云"平台,为街道社区提供资讯、便民等各项服务,参与的街道超过40余家,真正打通了服务群众、引导群众的"最后一公里"。红网还响应政府号召,帮助各县乡实现精准扶贫。在新化县,当地杨梅色美、味甜,年产量逾200万斤,但是往年由于"养在深闺人未识",果农们都为杨梅销路发愁。2016年以来,随着红网的集中报道宣传,新化杨梅已经彻底变身成为一款"网红农产品",不仅打通了往湖南省会长沙的销售和运输渠

---

①② 李慧:《舒斌:网络联系群众服务群众是红网伊始也是未来的路》,红网,https://hn.rednet.cn/content/2019/04/12/5316342.html,2019年4月12日。

道,帮助基层农户成功增收,更带动了新化全域旅游的发展,提升了县域经济的活力,收获了精准扶贫的实效①。

## 9.4 红网的创新价值:立足本地,服务用户

截至2019年年底,湖南红网已诞生18年,多次获得"中国最具影响力新闻网站"、"中国十大创新传媒"、"中国十大优秀城市门户网站"、"中国地方新闻网站十大品牌"、"最具影响地方门户网站"等荣誉。旗下时刻新闻客户端位居全国新闻网站影响力前列,被中央网信办列为全国重点关注客户端,并且成为服务湖南各级党政的全媒体传播主平台、省市县三级矩阵联动传播云平台。《红辣椒评论》、《百姓呼声》栏目分别获得第十七届、第十八届中国新闻奖新闻名专栏一等奖。

有专家评价:"红网在重大主题宣传、突发事件中的舆论引导,媒体社会责任担当,以及新闻网站成为区域强势主流媒体等做法,为中国地方重点新闻网站的发展提供了理论支持,探索了成功经验,证明新时期下新闻网站不但能办好,而且还能办出影响和特色。"②

红网之所以能够取得这样的成绩,来源于两个重要原因。

### 9.4.1 从零开始,轻装上阵

作为一个新媒体网站,红网从一开始就将自己定位为互联网公司,区别于普通的传统媒体,这就是它能够轻装上阵的主要原因。新媒体对于红网来说并不是诗和远方,而是眼前的现实。

无论是打造"中央厨房"还是时刻新闻客户端,红网都没有遇到很大的障碍,而在其"中央厨房"后台的融媒体中心,对所有人员的管理也是采取互联

---

① 李慧:《我们在行动 红网制定"2018精准扶贫品推公益行动"计划》,红网,https://hn.rednet.cn/c/2018/06/28/4665066.htm,2018年6月28日。
② 舒斌:《红网:以体制机制创新激活网络媒体》,WS网经社,http://www.100ec.cn/detail-4847538.html,2009年10月30日。

网公司的扁平化管理,重视多劳多得,干部能上能下,工作效率很高。对红网而言,没有传统媒体向新媒体的转型,也不存在传统媒体转型过程中遇到的种种困难。

### 9.4.2 服务用户,成为党民之间的重要桥梁

红网的内容之所以做得鲜活,是因为它深入扎根群众,获得群众的拥护和支持。正如毛主席所说把"支部建在连上",红网是把分站建在县里,反过来带动各市州扩建红网分站,如张家界、湘西、娄底等。红网从创办红网政务频道入手,尝试对接市州和县市区,成立红网分站,建立省、市、县三级联动网络宣传平台,与党政机关实现零距离对接。截至2019年10月,红网已经在湖南123个县市建有42个县级分站。

红网总裁舒斌认为,互联网不是只有简单的媒体传播功能,还要能够解决问题。红网并不因为自己是党网就把内容做得很死,也不因为自己叫新闻网站就只做新闻。红网更加重视对百姓的服务,无论是反映舆情还是提供便民服务,甚至帮助扶贫,红网都将自己党网的性质与人民群众联系起来,成为党民之间的一座重要桥梁。

# >>> 10 上海报业集团：区域性集团化发展模式

上海报业集团由原解放日报报业集团和文汇新民联合报业集团整合重组，经中共上海市委批准，于 2013 年 10 月 28 日正式成立。截至 2019 年 7 月，旗下总计拥有 20 多份报刊，包括《解放日报》、《文汇报》、《新民晚报》、《上海日报》(*Shanghai Daily*)、《新闻晨报》等 8 份日报，《申江服务导报》、《报刊文摘》等 10 多份周报，《上海支部生活》、《新闻记者》等 7 份月刊；拥有 2 家出版社，10 家具有新闻登载资质的网站，18 个 App 应用，50 多个微信公众账号。其中，《解放日报》是解放日报报业集团的主报，也是上海市委的机关报。

上海报业集团是上海加快传统媒体和新兴媒体融合发展，打造形态多样、手段先进、具有强大传播力和竞争力的新型主流媒体的重要举措。其成立六年来的实践证明，必须抓住融合发展的时间窗口，启动越早越好，越坚决越好。

## 10.1 上海报业集团的融合发展进程[①]

2013 年上海报业集团成立伊始，由于旗下报刊太多，整合的第一步就是

---

[①] 本节内容资料参见裘新：《上报集团：在融合发展中巩固拓展主流舆论阵地》，微信公众号"新闻记者"，2018 年 9 月 19 日。

对一些报刊进行休刊或合并处理。通过让《新闻晚报》《东方早报》等一批报刊休刊或合并,实现将实际运营报刊(出版社)从集团成立之初的37家降为21家。优化整合基本消除了内部报刊同质化竞争,使一些长期"出血点"及时止损,集团报业主业的架构和布局更为合理。

第二步,上海报业集团将《解放日报》等龙头报刊打造成为全国省级党报转型发展的先行者。它们率先走出从"相加"到"相融"的关键一步,迈入"一支队伍、两个平台"的一体化运作新阶段。《文汇报》和文汇 App 把握人文特色,发挥内容生产的传统优势和文脉品牌的深厚积淀,全国影响力提升明显。《新民晚报》以新民客户端全面推动媒体融合,"侬好上海"、新民网等系列新媒体产品体现本地、突发特色,传播效果显著增强。

第三步是迅速发展一批新型媒体。截至 2018 年年初,集团拥有网站、客户端、微博、微信公众号、手机报、搜索引擎中间页、移动端内置聚合分发平台等近 10 种新媒体形态,端口 267 个,新媒体稳定覆盖用户超过 3.2 亿。集团媒体共有移动客户端 12 个,下载总量超过 1.8 亿;共开设微信公众号 193 个,粉丝总数 900 万;共开设微博账号 43 个,粉丝总数 8 828 万;共有 PC 端网站 17 个,覆盖用户总数 4 252 万。

其中,集团旗下的两大新媒体产品"澎湃新闻"和"界面新闻"成为上海最具改革活力的新媒体。2016 年年底,澎湃新闻引入六家国有战略投资者,成为党在互联网时代占领网络舆论阵地的一支"尖兵"。界面新闻则以内容为优势,正在成为中国最具影响力的财经媒体。在第三方机构评选的最受白领用户欢迎的手机新闻客户端榜单中,界面新闻排名第二,超过新浪、今日头条、腾讯新闻。此外,上海报业集团旗下"摩尔金融"、"唔哩"、"第六声"、"周到"等垂直细分领域新媒体重点产品,以技术为支撑,探索市场化发展之路,已经进入快速发展期,用户数量快速积累,传播力和影响力日渐提升。

在新锐的发展策略下,上海报业集团在传统媒体经营断崖式下滑的情况下,新媒体收入持续上升,成为助推集团主业收入增长的重要因素。2014—

2017年，集团新媒体收入占集团主业收入比重分别为0.88%、9.44%、18.55%、33.4%，新媒体广告占集团媒体广告总收入比重分别为1.3%、11.3%、26.67%、47.2%，两项比例指标连续三年同比翻番。2017年，上观新闻、澎湃新闻、界面新闻等新媒体业务收入实现同比增幅93.4%，收入的增量首次超过报刊业务的收入跌幅。2018年，新媒体业务增幅预算目标比上年增长114%，继续保持翻番增长的势头。

## 10.2 上海报业集团的主要新媒体产品

澎湃新闻和界面新闻是上海报业集团主打的两大新媒体现象级产品。澎湃新闻作为上海乃至全国最具改革活力的新媒体，已进入中国互联网原创新闻第一阵营。界面新闻以内容为优势，正在成为中国反应最迅速、影响范围最广的财经新媒体之一。

### 10.2.1 澎湃新闻

澎湃新闻是上海报业集团旗下以原创新闻为主的全媒体新闻资讯平台，也是上海报业集团改革后公布的第一个成果。其口号是"专注时政与思想的互联网平台"。2017年，在中央网信办主管的《网络传播》杂志发布的中国新闻网站移动端传播力总榜上，澎湃新闻连续三个月位居第一。截至2018年年底，澎湃新闻App下载量达1.46亿，移动端全网日活跃用户数过1000万。澎湃新闻下一步的目标是成为全国性互联网新型主流媒体平台级产品。

澎湃新闻从内容、平台、体制和技术等方面争做时代的引领者。

#### 1. 在内容方面，力图提供高品质的原创深度好内容

澎湃新闻主打时政新闻与思想分析，生产并聚合中文互联网世界中优质的时政思想类内容。澎湃新闻每年总成本的80%都用在采编或者与内容相关的部分，坚持新闻稿的比例超过60%。为了达到这个要求，澎湃新闻准备了一支300人的成熟队伍，其中80%都是采编或者相关人员。

对于做新闻,澎湃新闻有一种近乎偏执的坚持。它们认为,在新媒体时代,优质原创内容更加是优势和王牌,需要把宣传规律、新闻规律和网络传播规律结合起来。澎湃新闻最核心的能力就是做原创、深度、思想类报道,因此,澎湃新闻坚持不做其他低俗内容,一切都以新闻内容为核心,以原创为主。事实证明,真正好的新闻还是能形成刷屏效应。澎湃新闻策划推出的系列报道,以独特的形式、丰富的内容、持久的风格而得到各界关注和好评。

面对互联网,"坚决走彻底转型之路,不犹豫不徘徊,是澎湃新闻成功的关键"[1]。除了原创深度内容之外,澎湃新闻迅速建立了符合互联网传播规律的24小时新闻刊发机制,以适应新媒体快捷的传播特性,并且根据用户和不同稿件的特点,确定多个推送稿件的时间。同时,用扁平化的栏目小组形式提升内容生产的效率和专业性,不折不扣地继承传统媒体严谨的三审责任制。因为有这些机制,澎湃新闻每天能够生产超过300条原创新闻报道。

2. 在体制方面,争取"让每一个神经末梢都兴奋起来"

澎湃新闻在体制方面摸索了一套激励人员的方法。

一是"一套人马、两个台子"。2014年澎湃新闻一上线,就和《东方早报》开始了"一套人马、两个台子"的融合式发展,《东方早报》和澎湃新闻的两个要闻编辑部相对独立,其他部门全部打通,《东方早报》的记者同时也是澎湃新闻的记者,双方统一管理、资源共享。因此,《东方早报》和澎湃新闻的气质、价值、文脉、新闻理念都一脉相承。

二是扁平化管理。虚化部门概念,强化小组意识。将团队按照兴趣和所长分成若干个小组,再由小组去做一个个新闻栏目。这些栏目的主编都是专业领域的权威人士,对内容有比较大的采编和策划的权限,而总监一层基本只负责内容的把关。其负责人认为,"如此才能够把每一个人的创造性和积极性调动起来,让每一个神经末梢都敏感起来、兴奋起来"[2]。

---

[1] 李雪昆:《上海报业集团:融出激情"澎湃"》,《中国新闻出版广电报》2017年9月25日第03版。

[2] 腾讯传媒:《"驯狮者"澎湃!专访刘永钢:后东早时代,纸媒转型还有哪些想象》,微信公众号"全媒派",2017年1月3日。

### 3. 积极探索平台的打造

有了平台才能够打出更好的内容牌。为了强化与读者的联结,澎湃新闻打造了新闻跟踪功能,用户可以通过跟踪按钮来实现或标注某一事件或话题,有新的进展时,系统会通过标签关键词自动将新的进展报道推送到跟踪中心,避免快餐式的信息阅读,增强用户黏性。2018年7月,澎湃新闻陆续上线政务服务平台"问政"、消费者权益保护平台"澎湃质量报告"、全球专业创作者开放平台"湃客"。其中,"问政"是集发布、辟谣和问答互动为一体的平台,通过与读者的互动,分辨真相和谣言,全力打造政府与群众的互动窗口。这些新平台的出现让用户不再是单向地听、读、看新闻,而是可以直接面对新闻当事人和政务机构。

澎湃新闻邀请专业人士入驻,提升平台水准。澎湃新闻不以入驻数量和流量作为首要考量,而是实行邀请制,邀请重要"大 V"或新闻专业人士入驻平台进行专业创作,目标是形成一个专业、优质、海量的内容池,强调社会效益。

此外,澎湃新闻推出了"澎湃算法"。配合平台化建设,澎湃新闻正在全力攻关"澎湃算法"。2018年年底,海量内容的准备、大数据技术层面的研发都已有基础,正组成联合小组进行后期攻关,希望将价值观引领和个性化分发相结合[1]。

### 4. 在技术方面,做步步紧逼的跟随者

澎湃新闻在任何新产品上完全不落伍,AR、VR、全景视频、H5 等融合各种元素的产品都出现过。不过,澎湃新闻在产品内容上是创新者和引领者,在技术上却只是步步紧跟形势。

澎湃新闻开发了深度链接技术。澎湃新闻是国内最早将网页、Wap、App 客户端等媒介融合为一体的新闻平台,它能够将不同阅读端口无缝连接,提高阅读效率。2014年,澎湃新闻就与全球领先的 Mob 移动开发者服务平台达

---

[1] 《〈中国纪录〉对话澎湃新闻:国内首家传统媒体向新媒体全面转型情况如何?》,搜狐网,https://www.sohu.com/a/284658448_99927144,2018 年 12 月 26 日。

成合作,引进 Mob 一站式移动场景还原解决方案——MobLink。这种被称为"深度链接"的技术,能够帮助省去 App 与 Web 之间的复杂的页面跳转,形成横向连通,提高阅读效率。MobLink 还可以打破各平台间与 App 的孤岛关系,令 App 全面支持微信、QQ、微博、小程序等各大主流平台之间的链接跳转和分享,将用户从直播平台、微信、网页等端口快速引入 App,获得更多流量来源。

未来,澎湃新闻还将围绕内容和传播这个核心,通过迭代升级、内部孵化、特殊管理股等方式,实现"内容+"、"数据+"、"技术+"、"品牌+",打造一个串联互联网内容生产和传播,包含技术和运营,覆盖线上和线下的澎湃新闻生态体系。

### 10.2.2 界面新闻

界面新闻由上海报业集团出品,是 2014 年 9 月创立的新闻及商业社交平台。创业后仅用 10 个月时间,估值即上升至 9 亿元人民币。界面新闻客户端在 2017 年被中央网信办评为"App 影响力十佳",同时位居艾瑞数据移动 App 指数商业资讯类第一名。《2017 年中国网络媒体公信力调查报告》显示,界面新闻在中国代表性新闻客户端的社会责任感排名中名列第四。

界面新闻深信:好的内容就是好的渠道,渠道与内容相辅相成。

**1. 在内容定位方面,以新闻为核心,布局以商业为主的全品类新闻资讯**

界面新闻将自己定位为财经新媒体,因此,它以新闻为核心,同时布局地产、金融、时尚、投资、汽车、能源、传媒、科技、消费等 40 个频道。

界面新闻的第一信息来源是专业人士,其大部分报道都由金融专业人士和媒体记者合作完成。例如,《第一财经周刊》主编和副总编辑,《华尔街日报》亚洲新闻大奖获得者,《财富》杂志编辑,《21 世纪经济报道》、《南方周末》和财新传媒等主流媒体的资深编辑记者,他们为界面新闻提供高品质的专业内容。此外,还有来自海通证券、国泰君安、中信证券、银河证券等金融机构的撰稿人。界面新闻凭借其专业的采编队伍和主流媒体的扎实资源获得先声夺人的优势。

界面新闻的内容也来自它自己的自媒体联盟。类似于 PUGC 的做法,自媒体联盟采用众包与外包相结合的方式,激励优质个体用户提供原创内容,既丰富了内容来源,又使得所采用的内容具有一定的专业性。以界面新闻运作的平台"摩尔金融"为例,一些专业人士在证券市场上有很好的经验,本身就有很多粉丝,但缺乏媒体的专业训练。界面新闻为这些人创办了一个学习型社区,使他们能够在社区中方便地交流和互助,为界面新闻提供专业和有品质的内容。从这个意义上来说,界面新闻成为某类人群发布财经内容的特定渠道。在界面新闻每天发布的 300 多条原创内容中,自媒体联盟提供的内容占到 10%—15%。由于有这些众包内容,界面新闻给自己打了一个有趣的比喻——穿内衣的自己人。"内衣"意为界面新闻与用户的关系极为亲近,提供的内容有吸引力;"自己人"则是指界面新闻的国有企业属性。

**2. 在推广渠道方面,将自己从入口变为平台**

界面新闻认为,在当今渠道已经如此发达的情况下,优质内容就是优质渠道,渠道和内容互相联动,两者缺一不可。

为了鼓励自媒体联盟更好地生产内容,界面新闻成为一个聚合平台,为个体账号提供方便。界面新闻帮助自媒体联盟里面的个人账号免费代理和运营广告,账号为界面新闻平台提供内容,平台则帮助账号推广其内容。双方在此基础上是互换版权和互补关系。界面新闻表面上看起来是一个媒体属性的公司,以生产内容为主,但长远来看要成为服务于特定中高档人群的入口。下一步,界面还会打造开放的平台,吸引更加垂直的内容提供者加盟,为用户提供丰富的内容。

此外,界面新闻还利用算法和推送功能,为用户提供新闻资讯的定制阅读。除了商业新闻,界面新闻还拥有"摩尔金融"、"FIKA 菲卡"等独立 App 产品。经过多年打造,界面新闻俨然已经成为一家围绕城市中产阶级用户,以商业新闻生产为核心业务,涉及投资、购物、社交服务的综合财经新媒体集团。

## 10.3 融合中的创新：打造新型主流媒体集群

上海报业集团在媒体融合中的创新,主要体现在它能够依据自身优势,集合多种资源和品牌,集群化发展壮大。在上海报业集团的"三二四"融合发展战略中,"三"指的是三大传统报纸的转型;"二"指的是两大新媒体产品(澎湃新闻和界面新闻)的创新发展;"四"指的是四大细分领域,包括国际传播领域的"第六声"、财经服务领域的"摩尔金融"、个性化领域的"唔哩"和综合信息服务领域的"周到"市民生活服务平台。此外,集团还拥有网站、客户端、微博、微信公众号、手机报、搜索引擎中间页、移动端内置聚合分发平台等十多种新媒体形态,形成了多个集群互相呼应、多个平台和端口同时分发的局面。

### 10.3.1 打造有清晰定位的主流媒体集群品牌

上海报业集团对旗下多个媒体有着不同的发展战略和定位。例如,《解放日报》和上观新闻要成为全国地方党报媒体融合转型的领先品牌;《文汇报》和文汇客户端要成为在人文思想领域影响排名前列的新型主流媒体;《新民晚报》和新民客户端要成为上海市民喜闻乐见、国内互联网传播领域知名的新型主流媒体;澎湃新闻要成为拥有亿级用户的时政新媒体领先品牌,努力实现全球知名全媒体内容供应商和全媒体传播平台的目标;界面新闻要成为中国影响力最大的财经新媒体;等等。有了清晰的定位,上海报业集团才能够既统筹兼顾,又各有特色地整体发展,不交叉、不重复、不做无用功。

### 10.3.2 打造国际传播的媒体集群品牌

上海报业集团在增强国际传播能力、进一步做强上海对外传播上一向有优势。它重点打造的"第六声"(Sixth Tone)、《上海日报》SHINE 等融媒体外宣项目,以及《上海学生英文报》(Shanghai Students' Post)、962288 对外服务热线等载体,在讲好中国故事方面取得了一定成绩,吸引了海外用户。

例如,外宣新媒体产品"第六声"以软新闻的方式主打普通人报道,迎合外国读者的需求,成为国际主流媒体获取中国消息的重要来源。截至2017年11月,核心用户达到30万,80%的用户在海外,70%的用户年龄在35岁以下①。SHINE以上海、长三角地区英语新闻为特色,提供中国视角、国际格局并重的原生英文信息流,用文字、图片、视频等多元化形式,向中外读者提供上海和中国最新、最全面的英文新闻与资讯。上海报业集团社长裘新认为,国际化发展也是上海报业集团的重要发展战略和举措,唯有国际化发展,才能形成与世界主流媒体看齐的产业格局。

### 10.3.3 打造"文化+"产业集群

上海报业集团认为,要做文化传媒产业集团,重点在产业。它不是一个产品企业,而是一个产业集团。裘新认为,产业集团有一个共同的趋势,不管在产业链上的哪个环节起步,都必然要有一种冲动去做向上或者向下的扩张。他认为,媒体的业务通常由四个环节组成:第一个环节是内容,第二个环节是发行或播控,第三个环节是传输和渠道,第四个环节是终端。过去的传统媒体只集中在第一个和第二个环节,但是要真正成为产业集团,必须兼顾第三个和第四个环节,把所有的产业链都打通。

2018年,在上海报业集团的营业总收入中,媒体业务约占三分之一,文化产业业务约占三分之一。集团以旗下上市公司新华传媒和新华发行集团为主体,借力"互联网+"的功能,尽可能扩展"文化+"的新思维,重点培育了除报刊发行之外的动漫出版、新一代实体书店、文化创意设计集聚区、文化综合体、会展、文化金融服务、文化类大数据等新兴融合业态,打通文化产业上下游链条,使多种产业横向关联,产生集群效应。

### 10.3.4 打造财经资讯服务集群品牌

以界面新闻为主打的财经新闻是上海报业集团的拳头产品。现在,集团

---

① 裘新:《在融合发展中巩固拓展主流舆论阵地》,《新闻记者》2017年第11期。

所属的界面新闻、蓝鲸、财联社、摩尔金融等财经媒体产品集"媒体＋资讯＋数据＋服务＋交易"五位于一体,实现稳定覆盖人群达到亿级规模。

其中,界面新闻经过近三年的发展,已布局33个泛商业频道,报道覆盖约200家大公司,在金融、证券、科技、汽车、地产、消费、工业等核心内容领域建立了影响力。2017年年底,界面新闻通过换股的方式,完成对蓝鲸·财联社的整体并购。整合后的界面·财联社覆盖人群达到亿级规模,市场估值超过50亿元,正在成为该领域未来的"独角兽"。

## 10.4 上海报业集团的创新价值:推动集群的转型和发展

上海报业集团是媒体转型中比较早的,也是比较整齐划一的。它的经验给我们带来两点思考。

第一,迅速反应,果断决策。当改革的窗口出现时,上海报业集团没有任何犹豫,果断拥抱互联网,率领全军实现向"互联网＋"的转型。裘新认为,新媒体是转型的唯一途径,媒体只有主动拥抱互联网,先行一步融合发展,才能尽快脱胎换骨。事实证明,上海报业集团当时的决策是完全正确的。正因为先行,抓住了很多有利时机,能够抢先一步做出改革。一旦错失时机,回过头再来做这些事,就要付出更大的精力和代价。

第二,推动整体集群转型和发展。价值链理论告诉我们,单一产品的转化是单薄的,必须要在多个层面上、上下游中整合相关产品,才能够获得整体突破。完整的产品体系通常包含核心产品、一般产品、期望产品、附加产品和潜在产品等多个层次。核心产品是其中的主要诉求,是顾客真正购买的基本服务或利益。一个产品仅仅给用户带来核心的利益还不够,还需要从功能、服务、潜在价值等多方面加以完善。上海报业集团从融合一开始,就坚持"一张蓝图干到底"。它们从顶层设计规划了一张旗下多个集群一起发展融合的蓝图。如果说澎湃新闻和界面新闻可以被看作核心产品,三大传统媒体的转型和四个垂直类内容的发展则可以被看作一般产品,国际传播集群和文化产业集群发展就是期望产品。集团还连通其他小型产业集群一起,整体推进、稳扎稳打,将集团旗下众多平台整体向融合方向推进。

  当然,上海报业集团和其他区域性媒体集团一样,现阶段也无法摆脱传统的行政区划条块分割管理体制的多重拘囿。在未来媒体深度融合的探索中,还应从突围中破局,于整合中共赢,打造融合传播体系下的新型传媒集团。

## >>> 11  四川报业集团封面传媒：走在时代前沿的智媒体

封面传媒是四川报业集团在 2015 年 10 月与阿里巴巴合作打造的一家全国性综合新闻客户端，由《华西都市报》具体执行。封面传媒于 2016 年 5 月 4 日上线，两年半后 App 用户数即达到 1 300 多万，日活跃用户数达 80 多万，其中，四川用户占比 67%，区域性新媒体平台初步成形[①]。

封面传媒在上线之初就把"打造引领人工智能时代的泛内容生态平台"作为愿景，以智媒体为目标，紧盯前沿技术，发力人工智能，坚定地做"AI＋媒体"领域的探索者与实践者。

## 11.1 封面传媒的发展历程

封面传媒的发展目标是通过"技术＋内容＋资本"的手段，打造一流互联网科技传媒企业。其融合发展经历了三个阶段。

第一阶段是 2017 年的全媒体阶段（1.0 版）。这一阶段的主要任务是搭

---

[①] 《用户 4 200 万＋，封面传媒如何打造"智媒体"？CEO 李鹏这样说》，微信公众号"网络传播杂志"，2018 年 10 月 27 日。

建平台和整合资源。2017年4月,封面传媒携手四川省眉山市洪雅县发布县级融媒体中心1.0版本,取名为"小雅",以"小封"和"小雅"的虚拟形象,开展对1.0版本的推广和运用。这表明该融媒体中心在封面新闻和封巢系统的基础上,搭建了基础的技术平台,发展出一条崭新的融媒体中心技术链。

第二阶段是2018年的融媒体阶段(2.0版)。这一阶段的主要任务是深度融合和整体转型,实施"121战略",即《华西都市报》与封面新闻"一支队伍、两个平台、一体运营"的战略。2.0版本的重要战略就是拓展新型文化业态,从单纯打造产品向构建产业进军,进而形成产业生态。计划在新的三年里,打造"全国影响+西南落地"的区域平台型媒体,建设"科技+媒体+文化"的生态体。

第三阶段是2019年及之后的智媒体阶段(3.0版)。这一阶段包括引入人工智能AI、进化基因和进一步完善升级产品向智媒体迈进。3.0版本有许多创新,例如,因人而异的算法推荐更加成熟和优化,拥有机器人写作技术,自主开发的"小封机器人"1.0版上线等。

短短三年时间,封面传媒已经形成了自己的品牌和特征。一是以人工智能AI技术为引领和支撑的智能化,突出技术驱动,坚持内容为王,强化资本支撑,打造"智能+智慧+智库"的智媒体。二是以"亿万年轻人的生活方式"为定位,为互联网空间提供正能量、年轻态、视频化的信息。有了这两大特征,封面传媒不仅在西南地区独树一帜,也被称为"全国第一智媒体"。

封面传媒的愿景是"打造引领人工智能时代的泛内容生态平台",它将不仅仅是一个客户端,还会面向未来20年的技术趋势,将机器学习算法、机器人写作、人机交互、虚拟现实等领域都作为主攻方向,打造一个跨媒体、电商和文娱的泛内容生态平台。

## 11.2　封面传媒的内容产品矩阵

封面传媒的内容产品矩阵包括:一个旗舰产品(封面新闻App),两个视听产品线(封面视频和封面直播),四个生态产品线(封面号、封面电商、封面舆情、封面智库),两个社交产品线(封面新闻微博微信、《华西都市报》微博微信),两个垂直产品线("成都范儿"客户端和四川美食搜索微博)。在本章,我们主要介绍影响力较大的封面新闻和封面舆情。

### 11.2.1 旗舰产品——封面新闻

封面新闻 App 是封面传媒的旗舰产品,它以新闻为内容,以短视频为载体,提供正能量、年轻态、个性化的原创内容。它发挥了《华西都市报》专业的新闻渠道和制作力量,自编自采原创视频,年产新闻短视频达到一万条,其中,新闻类短视频占90%,自编自采的视频占50%以上。现在,封面新闻正力争进入全国媒体视频品牌第一梯队。

短视频以 UGC 和 PGC 为重要来源。在 UGC 运营层面,封面新闻面向全球征集超过1 000位"青蕉拍客",再对他们进行系列化和程序化的培训,让拍客们也成为行业的 KOL。简化发布系统,"青蕉拍客"拍摄的短片可直接上传到封面新闻 App,让用户直接看到。封面新闻还同步上线"青蕉拍客"频道,集中展示拍客们上传的作品,拍客们也可登录封面新闻,扫描二维码加入该频道。为了吸引全球的"青蕉拍客"入驻,封面新闻采取多种运营手段,例如互联网企业经常使用的"红包雨"策略——"青蕉拍客"视频一经采用,封面新闻即进行全平台分发,通过对新闻线索的认定,给予单条视频100—10 000元奖励,同时采取累积奖励机制。封面新闻还建立了统一的用户管理系统,打通各类用户数据,实现用户间的社交。

在 PGC 运营层面,封面新闻利用专业的新闻生产能力和成熟的视频团队,积极与第三方合作进行视频生产。2019年,封面新闻已经与腾讯、今日头条、UC、新浪等互联网商业平台合作,定制生产精品视频《视野》、《底稿》、《封芒》、《锐视频》等优质内容[①]。

---

① 宋建武:《全面视频化:5G时代封面新闻媒体融合转型的新路径》,《传媒》2019年第8期。

2016年6月,国家互联网信息办公室正式为封面新闻颁发互联网新闻信息服务许可证,业务种类为"互联网新闻信息采编发布、转载服务"。封面新闻成为西部第一家、全国第二家拥有一类互联网新闻信息服务资质的新闻客户端。2018年首届中国新媒体年会上,封面新闻App被评为国内十大"最具影响力主流媒体新闻客户端"之一。

### 11.2.2 生态产品线——封面舆情

2016年8月25日,封面传媒旗下智能舆情交互平台"封面舆情"正式上线。作为首款机器和人工结合的智能舆情服务平台,封面舆情能提供快速预警、研判、应对的舆情服务。

封面舆情从数据收集到最终的舆情呈现,全程都有强大的技术支持。在

图 11.1 封面新闻 App 截图

数据收集方面,通过与百度等合作伙伴的深度合作,能够更快地帮助用户获取全面数据。

在数据研判方面,除了技术带来的快速分析能力,封面舆情还配置了强大的舆情分析团队,成员主要来自舆论宣传第一线的专业人员,对于社会突发事件有着丰富的处理经验。

此外,封面舆情还提出移动化的智能监测和实时推送服务,只需要在手机端就能够进行舆情监测。同时,封面舆情的产品还提供自定义关键字、智能过滤、自动预警等服务。

封面舆情的产品矩阵由封面舆情频道、封面舆情机器人、舆情可视化平

台、舆情危机管理培训、《封面舆情》期刊、封面舆情微博微信、舆情高峰论坛等构成(见图 11.2)。从矩阵构成中可以看出封面舆情未来的产品构想。

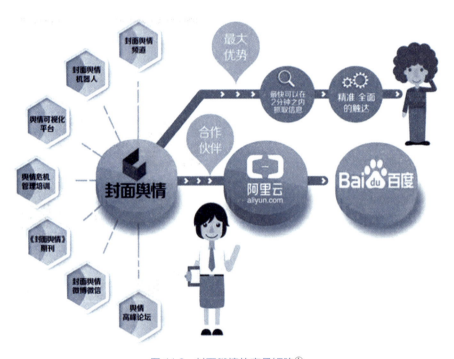

图 11.2　封面舆情的产品矩阵①

## 11.3　封面传媒的技术创新:"智能+"产品生态

2017 年 10 月 28 日,由封面传媒自主研发、基于人工智能技术的新型媒体融合支撑平台——封巢智媒体系统正式上线。之所以把它看作封面传媒的创新点,因为它是封面传媒在人工智能时代,结合自身优势,找准发力点,利用人工智能来实现自己融合转型突破的重要举措。

封巢智媒体系统是由一系列智能产品构成,包含 7 大类 21 个产品:基础

---

① 资料来源:《机器＋人工　封面舆情建立最快舆情反应机制》,封面新闻,http://www.thecover.cn/news/85491,2016 年 8 月 30 日。杨仕成制图。

产品有封面推荐算法、封面数据、封面云、封巢系统等;内容产品有小封写作、小封播报、封面视频、封面直播、封面 VR、封面 AI 记者、封面 AI 主播等;营销产品有封面 AI 营销、封面云商等;智库产品有封面指数、封面舆情等;UGC 产品有青蕉社区、青蕉拍客、封面号等;智识产品有小封魔镜、小封图灵等;未来产品主要是封面智联。这些产品共同形成"智能＋"的产品生态,重新为媒体赋能。

### 11.3.1 机器人写作——小封机器人

在自主开发的封巢智媒体系统中,机器人辅助写作成为一项重要功能。小封机器人被植入封巢,成为记者、编辑写稿的重要助手。它不仅提供关键词提取、敏感词检测、文章标签抽取、摘要自动生成、频道归类等功能,还会在采编人员写作过程中给予智能协助,从写作习惯、关联资料推荐、文章核查等环节帮助提升写作质量和效率。

小封机器人于 2016 年 12 月发出首条稿件,之后写稿能力越来越成熟,交出了青川地震报道 8 秒成稿 1 300 字的答卷。2017 年的"成都司机苦寻女儿 24 年"报道,通过机器辅助写作的参与,成为全网传播超 2 亿的爆款。2017 年 11 月,在"智创·未来 2017C＋移动媒体大会"上,小封机器人成为封面传媒的第 240 号员工。

2018 年 5 月,小封机器人每日写稿量达到 100 篇以上,写稿领域涉及体育、财经、灾害、生活、娱乐、科技等,既有快讯速报,也有热点资讯①。

图 11.3　小封机器人

---

① 艾晓禹:《封面传媒董事长兼 CEO 李鹏:迈向智媒体,我们看到了光亮》,封面新闻,http://www.thecover.cn/news/731558,2018 年 5 月 4 日。

## 11.3.2 人机对话技术——"小冰"

微软"小冰"是微软公司于2014年5月正式推出的融合自然语言处理、计算机语音和计算机视觉等技术的完备的人工智能底层框架,是一款聊天智能机器人。它强调人工智能的情商,注重人机交互的价值。例如,一代"小冰"在对话之外,可兼具群提醒、百科、天气、星座、笑话、交通指南、餐饮点评等实用技能,而七代"小冰"已经能够做到与用户边看边交互评论。截至2019年年底,微软"小冰"覆盖6.6亿在线用户、4.5亿台第三方智能设备和9亿内容观众,发展成为全球规模最大的跨领域人工智能系统[①]。

图11.4 六代"小冰"模型

封面传媒引入微软"小冰",旨在让新闻传播更具交互性和智能化。2018年7月,微软"小冰"正式入驻封面新闻客户端。此后,在短时间内经历了三次迭代,产品功能不断完善。用户在使用封面新闻时,可以与"小冰"聊新闻、聊天逗乐,"小冰"也会在新闻之后跟发评论。"小冰"在与用户聊天时,不仅可以根据用户需求进行新闻检索推荐,还能结合聊天上下文,对用户意图作判断,进行相关文章的主动推荐,既提升文章的曝光度,也带来用户活跃度的上升。这项兼有语音识别、意图识别的人工智能技术,在人机互动方面积累了有效经验,也为下一步深度探索奠定了基础。

2017年国庆期间,"小冰"成为全媒体融合报道的"流量担当":实时播报四川省16条高速路况,全网观看量突破200万;和成都警花、警草一

---

① 《微软公布小冰最新研发进展:要成为自我完备的对话机器人》,TechWeb,http://www.techweb.com.cn/ucweb/news/id/2765517,2019年11月22日。

起为11只新生熊猫宝宝巡逻护航,获得全国132万网友在线支持;5天跟拍100对恋人的泰国爱情之旅,完成首次真正意义上的跨国直播。截至2017年10月8日24时活动收官,300余万人次在网上见证了"小冰"的风采。

### 11.3.3 "AI+"流程重构

封巢智媒体系统的另一个主要功能是重造新闻生产流程。封巢智媒体系统以人工智能技术为支撑,包括"智能技术平台+智慧内容平台+智识管理平台"三大平台:一是人工智能技术驱动的应用创新,例如机器人写作、人机交互、智能"三屏合一"等"AI+媒体"的应用探索;二是价值主导与驱动的内容生产流程再造;三是数据驱动下的传播效果智能化监测、版权追踪追溯、考核建模与自动化等。

在第二大平台上,封巢智媒体系统可以指导策、采、编、审全流程、多场景,打造一站式融媒体工作平台,实现各个环节的全面提取。具体包括:抓取全网线索,采集上万源头,线索一键派发的热点监控系统;进行分钟级的抓取,并且按需定制内容的全网采集系统;进行一次生产、一键多发、精准分发的内容管理系统;在全网实行流量监控,以传播为导向,改变生产过程,数据考核模型化、自动化的传播分析系统。

有了这内置的四大系统,封巢打通了媒体新闻生产的上下游,构建了一个从内容策划、制作、分发再到效果监测的全循环融媒体中心,对记者、编辑以及整个采编流程实现了颠覆性的改变。

### 11.3.4 打造直播播报新体系

为进一步满足当代用户的需要,为他们提供新闻资讯服务,封巢智媒体系统为直播提供应用支持。封面直播的产量和传播量在企鹅号、今日头条、UC各大平台长期居于媒体前三名。截至2017年9月,封面新闻直播视频部已生产制作超过700场视频直播节目,总时长超过1 500小时,总计收看超

5 000万人次。其中不乏爆款,例如2017年5月24日封面直播《俯瞰"川藏第一桥"》,就以超强的代入感引来共计71.7万人次在线观看[①]。

在2017年8月8日九寨沟地震报道中,封面新闻8路前线记者赶往地震现场,发掘震中周边地区救援故事,以每小时发布4篇报道的速度进行更新,对现场进行广角呈现。2017年8月9日,封面新闻做了两场长时段直播,总时长为六个半小时,多平台用户收看人数达1 700万人次。"演播室+现场报道+短片"的报道方式,既有灾区救援的核心现场,也有道路受阻的核心现场,在后方还有四川地震局现场、四川大学华西医院接诊第一批伤员的现场,多个现场交叉出现,为受众呈现出一个立体的、多角度的地震救援直播。

### 11.3.5 算法推荐

封面传媒瞄准人工智能发力,在AI和媒体的结合点上下功夫。封面新闻客户端实现了基于算法推荐的人工智能技术,依托数据挖掘、机器学习做兴趣推荐,让新闻的传播因人而异、千人千面。

算法推荐的前提是用户画像。封巢智能系统通过App用户信息采集、用户日志数据挖掘分析、机器学习算法的方法,为每个App用户抽取超过100个画像维度、多个新闻关键词,采用分类和聚类算法抽取100多个内容偏好兴趣类别。

但封面新闻又不完全依赖算法,而是通过价值主导技术和人工干预,解决算法偏差的问题。例如,在推送的频率和推送的时长方面,需要用人来纠正机器出现的偏差,保持正确的方向。在价值观方面更需要人工干预,以保证推送的内容有正确的导向。

2019年以来,封面传媒正在打造5G智媒体视频实验室,从三个方面进行探索:一是由封面新闻与中国移动5G产业联合院联合成立5G智媒体视频

---

① 熊浩然、李雪:《厉害了!封巢智媒体系统上线》,《华西都市报》2017年10月30日第A3版。

实验室,以云视频直播、VR应用、媒体云应用、高清微纪录片等为研发方向;二是应用5G助推视频物联化,例如,虚拟演播室可随时随地进入新闻现场,拓展车联视频,打造车内视频娱乐空间;三是探索"AI+视频"的方向,这可能将成为下一代视频的发展趋势。

## 11.4 创新价值:打造智媒体的标杆

在强大用户群的支撑下,封面传媒已成为一个影响全国的平台。人工智能技术的应用和探索,对封面传媒来说只是开始。在2019年的战略布局中,封面新闻瞄准未来,打造融合"智能+智慧+智库"的智媒体,将充分把握5G、人工智能、区块链大发展的时代背景,推进视频驱动、数据驱动、社群营销三大战略,并且推动这些应用逐步常态化发展[1]。封面传媒在智媒体方面的探索,对于融合转型中的传统媒体起到了一定的借鉴作用。

智媒体是用人工智能技术重构新闻信息生产与传播全流程的媒体。智媒体的应用包括很多层面,如机器人采访、机器人写作、机器人审核、人机协同等等。但无论开发何种功能,技术驱动是本质特征,人机协同是重要标志,而智能传播是终极目标。

封面传媒早在2016年5月就确定了自己做智媒体的愿景,其开发的系列产品符合智媒体特征,引领媒体融合进入智媒体发展阶段。2017年12月,新华社发布"媒体大脑",实现新闻产品的智能化生产;2019年2月,上海报业集团提出进军智媒体;2019年3月,大众报业集团和《齐鲁晚报》提出打造智媒体。智媒体在我国快速发展。

除了技术上的发展外,封面传媒坚持内容为王,认为专业化是其唯一的生存方式。在专业化的要求下,封面传媒发挥了拥有一类互联网新闻信息服务资质的优势,立足原创内容生产,突出专业和精品内容,以移动优先、视频

---

[1] 杜一娜:《实施视频传播、数据驱动、社群营销三大战略 封面传媒2019年瞄准"智媒体"》,《中国新闻出版广电报》2018年11月27日第03版。

优先和故事优先来实现优质的内容传播。在用机器智能化写作的同时,封面新闻用价值主导技术,用人来解决机器不能解决的事情,不断纠正机器出现的偏差,为技术引擎植入价值观的灵魂。

# 12 腾讯：让社交成为一种生活方式

腾讯公司历经 20 多年的发展,毫无疑问已经成为中国互联网发展史上最先进、规模最大和最具影响力的公司,也有人称它已经占据中国主流媒体的一席之地。本章探讨的是腾讯在打造大众社交平台方面所作出的努力和贡献——腾讯让社交成为现代人的一种生活方式。

## 12.1 腾讯的发展历史[①]

腾讯公司成立于 1998 年 11 月 11 日,当时名为深圳市腾讯计算机系统有限公司,主要业务是拓展无线网络寻呼系统。2002 年 2 月,腾讯公司开通即时通信服务 OICQ 和网络即时通信工具 QQ,标志着网络社交正式进入人们的生活。2003 年 8 月,腾讯推出 QQ 游戏。QQ 游戏现已成为国内最大和世界领先的休闲游戏门户。2011 年微信诞生,随后,微信游戏中心、微信支付、微信小程序等陆续上线,使移动社交正式成为人们的生活方式。

---

① 本节部分内容资料来自 2019 年 7 月中央电视台发展研究中心对腾讯科技(北京)有限公司的调研。

2009年7月,腾讯公司授权专利总数突破400项,成为全球互联网拥有专利数量最多的企业之一,比肩Google、Yahoo、AOL(美国在线)等国际互联网巨头。在收入方面,腾讯保持稳健增长的走势。2017年,公司市值首次突破5 000亿美元;2018年,收入达3 127亿元人民币。在2017年"中国互联网企业100强"榜单中,腾讯排名第一位;在2018年《财富》世界500强排行榜中,腾讯位列第331位;2019年3月,腾讯第一次位列全球互联网500强前列,其市值和盈利率进入前五名。

在产品上不断推陈出新的同时,腾讯公司在战略上也与时俱进。2012年5月18日,腾讯宣布进行公司组织架构调整,从原有的业务系统制升级为事业群制,划分为企业发展事业群、互动娱乐事业群、移动互联网事业群、网络媒体事业群、社交网络事业群和技术工程事业群六大事业群,并且成立腾讯电商控股公司,专注运营电子商务。2014年5月7日,腾讯宣布成立微信事业群,撤销2012年组建的腾讯电商控股公司,其中的O2O(online to offline)业务并入微信事业群,实物电商业务并入京东。此时,腾讯一共拥有七大事业群。

2018年9月,腾讯将其战略定位从原来的"以互联网为基础的科技和文化公司"升级为"拥抱产业互联网";将原有的七大事业群又改为六大事业群,合并新建两个新的事业群——云与智慧产业事业群和平台与内容事业群。这两个事业群被认为是腾讯从消费互联网到产业互联网的转型。这次整合表明,腾讯将内容和服务提高到战略层面。腾讯称,在互联网上半场,腾讯的使命是做好连接;而在下半场,腾讯的使命是成为各行各业最贴身的数字化助手。这也是腾讯迈向下一个20年的主动革新与升级迭代。

2019年5月,腾讯又将原来的使命"通过互联网服务提升人类生活品质"改为"科技向善"。它们认为,"科技是一把双刃剑",既可以行善又可以作恶,尤其是像人工智能这样的技能,必须要用在善的理念上才能发挥价值,否则后患无穷。

在这样的新的使命和新的战略规划下,腾讯形成现有的六大事业群(见图12.1)。

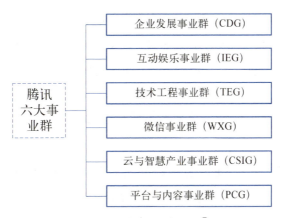

图 12.1 腾讯六大事业群[①]

企业发展事业群(CDG)：包括腾讯广告和腾讯金融科技，为公司提供金融、广告方面的运营方案及相关服务。

互动娱乐事业群(IEG)：主要运营与游戏相关业务，包括腾讯游戏、腾讯电竞、企鹅电竞等。

技术工程事业群(TEG)：为腾讯提供底层的技术支持、数据服务和平台服务，包括腾讯大数据、腾讯数据中心、腾讯安全平台部、腾讯 AI 实验室等几个业务板块。

微信事业群(WXG)：主要运营与微信相关的业务，包括微信、企业微信、微信支付、QQ 邮箱、微信读书、小程序和公众号等。

平台与内容事业群(PCG)：包括 QQ、QQ 空间、应用宝、QQ 浏览器的运营，也包括腾讯新闻、快报、微视、腾讯视频、企业影视、腾讯影业等相关业务的运营。

云与智慧产业事业群(CSIG)：包括腾讯云、腾讯医疗健康、腾讯觅影、腾讯优图、腾讯智慧零售、腾讯自动驾驶等 20 多个相关智慧产业。

## 12.2 腾讯主要社交产品介绍

腾讯旗下产品涉及传媒、社交、游戏、娱乐、金融等多个方面。由于业务

---

[①] 资料来源：腾讯科技(北京)有限公司。

广泛且各有建树,腾讯一度被看作互联网公司的"全民公敌"。但毋庸置疑,社交业务一向是腾讯最为出众的业务。这里我们重点探讨腾讯在社交方面的探索和实践,主要包括腾讯 QQ 和微信两大业务。

## 12.2.1 腾讯 QQ:使网络社交正式进入人们生活

### 1. QQ 的发展规模

QQ 是腾讯公司推出的一款横跨 PC 互联网和移动互联网的即时通信软件,最早来自腾讯公司对美国社交软件 ICQ 的模仿。它在模仿中也有微创新:它把信息留存从客户端转移到服务器端,还先后发明了断点传输、群聊、截图等新颖功能,使这款软件更为丰富和有趣味。1999 年 2 月,腾讯自主开发了一款即时通信网络工具 QQ。这款软件可以让用户随时随地与好友聊天、视频、斗图,用主题、气泡、挂件等装扮自己,结交趣味相投的新朋友;开启年轻人专属的个性化聊天模式,畅游在动漫、文学、手游的娱乐海洋里;体验 QQ 钱包话费充值、网购、转账收款的便利。在美国著名社交软件 MSN 逐渐淡出人们视野以后,QQ 取而代之,一跃成为中国年轻用户最喜爱的社交平台之一。

1999 年 11 月,QQ 注册用户数为 100 万;2000 年 6 月,QQ 注册用户数破千万;2004 年 4 月,QQ 用户注册数再创高峰,突破 3 亿大关。2010 年 3 月 5 日 19 时 52 分 58 秒,QQ 最高同时在线用户数突破 1 亿。这是人类进入互联网时代以来,全世界首次单一应用同时在线人数突破 1 亿。

### 2. QQ 的主要产品

(1) QQ 群。QQ 群是一个聚集一定数量 QQ 用户的长期稳定的公共聊天室。群成员可以通过文字、语音进行聊天,在群空间内也可以通过群论坛、群相册、群共享文件等方式进行交流。QQ 群在一开始能够满足 500 人同时在线;2012 年 12 月 4 日正式开放人数上限为 1 000 人的 QQ 群,20 日又将 1 000 人的群升级为 2 000 人;2018 年 10 月,QQ 建成多达 3 000 人的超级群聊。还可以建班级群、校友群和企业群,功能日益强大。

(2) QQ 等级。腾讯开设 QQ 会员等级,会员共分为四级需求,从外到内采用剥洋葱的方式来展开自己的特权体系。每一级需求代表对应的欲望,开发的特权越多,代表该商品性价比越高。会员等级体系运转已超过十年。有评价说:"这套体系经营人心的方法论对中国互联网产生了深远影响,尤其对往后的社区、网游等行业,几乎产生了教科书式的影响。"[1]

(3) QQ 空间。这是腾讯公司于 2005 年开发出来的一个个性空间,也是一个包容网民各种关系链的社交大平台,具有博客的功能,致力于为中国互联网打造开放平台。QQ 空间在一开始被当作 My Space 的中国版本,后来又被看作 Facebook 的追随者,但它有着不同于上述两者的运营和盈利模式。QQ 空间分阶段与 51.com、人人网和开心网展开"三大战役",最终在社交化的大浪潮中成为最大的赢家。

### 12.2.2 微信

从 2011 年 1 月到 2014 年 1 月,对于中国互联网的大戏台而言,是属于微信的"独舞者时代"。用吴晓波的话来说,微信从无到有,平地而起,以令人咂舌的狂飙姿态成为影响力最大的社交工具明星[2]。它不但构筑起 QQ 之外的另一个平台级产品,替腾讯抢到移动互联网的第一张"站台票",更让腾讯真正融入中国主流消费族群的生活与工作,理所当然地成为全民级移动通信工具。

#### 1. 微信的发展规模

微信(Wechat)是腾讯公司于 2011 年 1 月 21 日推出的一个为智能终端提供即时通信服务的免费应用程序,由张小龙带领的腾讯广州研发中心产品团队打造。微信支持跨通信运营商、跨操作系统平台通过网络快速发送免费语音短信、视频、图片和文字,同时,用户可以使用通过共享流媒体内容的资料

---

[1] 艾米:《从 QQ 会员产品设计谈品牌价值增值》,人人都是产品经理,http://www.woshipm.com/it/28456.html,2013 年 6 月 9 日。
[2] 吴晓波:《腾讯传(1998—2016):中国互联网公司进化论》,浙江大学出版社 2017 年版。

和基于位置的社交插件"摇一摇"、"漂流瓶"、"朋友圈"、"公众平台"、"语音记事本"等服务插件。

根据腾讯的数据,截至2016年第二季度,微信已经覆盖中国94%以上的智能手机,月活跃用户数达8.06亿,用户覆盖200多个国家,超过20种语言。各品牌的微信公众账号总数超过800万个,移动应用对接数量超过85 000个,广告收入增至36.79亿元人民币,微信支付用户则达到4亿左右①。2017年,微信登录人数达9.02亿,较2016年增长17%,日均发送微信次数为380亿。2018年2月,微信全球月活跃用户数首次突破10亿大关②。中商产业研究院的报告显示,2019年第一季度微信及WeChat的合并月活跃用户数达11.12亿③。

2. 微信的基本功能

微信的基本功能包括在线聊天、添加好友、实时对讲机、小程序、微信支付、微信公众号等。其中,微信公众号、小程序和微信支付的使用最为广泛。

(1) 公众号。微信在有了足够多的用户之后,很自然就能吸引品牌入驻。一些企业和媒体逐渐在微信平台上开通自己的订阅号或服务号,发布自己的内容,进行广告推介。也有一些年轻创业者通过在公众号上持续发布内容成为自媒体。微信公众号以去平台化的方式,让媒体和商家获得在社交媒体环境下的垂直深入,属于真正意义上的中国式创新。

截至2017年年底,微信公众号已经超过2 000万个,活跃号有350万个,月活跃用户数达7.97亿④。公众号已经成为用户在微信平台上使用的主要功能之一。与此同时,微信公众号已经形成成熟的流量变现模式,通过广告

---

① 《2018年中国微信登录人数、微信公众号数量及微信小程序数量统计》,中国产业信息网, http://www.chyxx.com/industry/201805/645403.html,2018年5月30日。
② 《马化腾:春节全球月活用户首次突破10亿》,搜狐号"北青网",https://www.sohu.com/a/224845906_255783,2018年3月5日。
③ 中商产业研究院:《2019年一季度微信用户数量达11亿 2019年即时通信用户规模分析》,中商情报网,https://www.askci.com/news/chanye/20190516/1346051146282.shtml,2019年5月16日。
④ 参见《2017年微信经济数据报告》和《2017年微信用户研究和商机洞察》。

推广、电商、内容付费、打赏等各种模式盈利。

（2）小程序。自 2017 年年初正式发布以来，小程序凭借无需安装、触手可及、用完即走的优点迅速吸引微信用户的关注，成为重要的商业流量的入口。根据智研咨询发布的《2018—2024 年中国微信小程序行业市场竞争格局及未来发展趋势报告》，截至 2018 年 3 月，微信小程序月活跃用户数超过 4 亿，上线小程序数量高达 58 万个，主要涉及零售、电商、生活服务、政务民生等 200 多个领域，小程序在微信中的渗透率已达 43.9%[①]，显示出较强的成长性。

（3）微信支付。随着消费者支付观念的改变和移动支付技术的不断成熟，移动支付逐渐成为国内大部分城市用户主要的支付方式。微信支付凭借微信平台入口的优势，占据国内第三方移动交易规模 40% 多的市场，仅次于支付宝。微信团队充分利用微信的社交属性，每年推出不同的红包玩法，为微信生态圈完成了可靠的支付环节建设。

## 12.3　腾讯的融合创新：几种战略武器[②]

腾讯公司有一套完全不同于传统媒体的创新发展机制。著名财经作家吴晓波的《腾讯传（1998—2016）：中国互联网公司进化论》揭秘了腾讯的七种战略武器。从这些武器中可以看到，互联网媒体与传统媒体的区别主要是理念和机制的区别。这里经笔者重新归纳和梳理，介绍其中四种为人称道的战略武器。

### 12.3.1　内部赛马的淘汰机制

内部赛马机制的本质是一种试错淘汰机制。它的意思是组建团队，允许各团队将自己的产品尽力开发，拿出去比赛，谁能赢到最后，谁就获胜。在赛

---

[①] 《2018 年中国微信小程序行业发展趋势分析》，中国产业信息网，http://www.chyxx.com/industry/201808/664191.html，2018 年 8 月 1 日。

[②] 本节内容资料参见吴晓波：《腾讯传（1998—2016）：中国互联网公司进化论》，浙江大学出版社 2017 年版。

马机制运行中,公司放手所有资源,允许适度浪费,"谁主管、谁提出、谁负责","一旦做大,独立成军"。

可以看到,赛马机制确实为腾讯带来了很多意外的创新,例如近些年来的QQ空间、QQ游戏乃至微信的诞生,都不是顶层规划的结果,而是来自在赛马机制中取得胜利的基层团队的单独作业。以微信为例,当年在腾讯内部有几个团队同时研发基于手机的通信软件,每个团队的设计理念和实现方式都不一样。最后,由张小龙团队开发出的微信最受用户的青睐。由此,微信团队得以不断壮大,已成为一个独立事业部,而同期的其他团队则拆散重构,被吸收进新团队,开发新产品。

"一旦做大,独立成军"的赛马机制与传统媒体的机制完全不同,与很多互联网公司的机制也不完全相同。很多企业认为,互联网公司的应对策略应该是精简部门、裁员或压缩成本等,而赛马机制却是一种很浪费成本的机制。但腾讯认为,在互联网公司中,创新是最重要的生产力,要鼓励创新,就要容忍失败,允许适度浪费、不断试错。它们认为,与以标准化、精确化为特征的工业经济相比,互联网经济最本质的差异是对一切完美主义的叛逆。"小步、迭代、试错、快跑"是所有互联网公司取得成功的八字秘诀,在这个方面,腾讯的表现可谓典范。

### 12.3.2 大权独揽、小权分散的事业部发展机制

事业部发展机制是腾讯公司的管理机制。2005年,腾讯将其公司组织架构调整为事业部制,各事业部以产品为单位,专案开发,分工运营。从此,腾讯"一分为多",即所谓"兄弟爬山,各自努力"。虽然各自努力,并且组织架构中没有一个类似于总参谋部这样的机构来进行流量的统筹配置,但这一实权其实被掌握在"总办"的手上,换言之,腾讯的组织架构类似于大权独揽、小权分散的模式。各事业群的负责人在业务拓展上被授予最大的权限,但其命脉始终由最高决策层控制。

在关系到公司整体战略的事务上,事业部发展机制以达成共识为决策前

提。如果反对的人多，提议便会被搁置；如果一项提议被大多数人所赞同便可执行，但反对者也可保留自己的意见。公司没有设置一票赞同或者一票否决的权力，还是要听大多数人的意见。

马化腾认为，腾讯公司最大的挑战就是执行力。这一机制可保障在尊重各事业群的基础上，由总裁来进行相应的平衡决策。这样既保留了民主，又有相对集中的权力。从目前的实践来看，各事业群以业务为单位，在自己的山头耕耘良好，形成互相促进、良性循环的发展格局。

### 12.3.3 在产品设计上的极简主义

由于腾讯公司的产品起始于一个体积极小的即时通信工具 OICQ，腾讯从第一天起就有"产品"的概念，并且提出"少就是最合适的"、"别让我思考"、"让功能存在于无形之中"等理念。马化腾本人是细节美学和白痴主义的偏执实践者。张小龙认为，优秀的作品就是要极简，就像优秀的人一样，要过删繁就简的人生。看来，也正是他们的极简主义和白痴主义，造就了微信等产品的全民普及。

在 PC 互联网时代，极简的优势或许并不太明显，因为人们一旦坐在计算机前，大多数还是全神贯注、不厌其烦地寻找知识和信息的。而进入移动互联网时代，碎片化的消费习惯和对瞬间注意力的吸引则使极简成为最具杀伤力的武器。功能越是简单、性能越是傻瓜的产品，越容易获得普及和下沉，用户黏性就越高。例如微信的发语音、视频通话和语音通话等功能简单易行，界面清晰干净，最容易被广泛的人群所接受。

### 12.3.4 用户的虚拟社区——阿凡达计划

阿凡达功能来自韩国的一个社区网站 sayclub.com 的启发。在这个社区网站中，用户可以根据自己的喜好购买社交所需要的道具，更换造型，赢得用户喜欢。这些"商品"需要付费购买。这一服务推出后，很受韩国年轻人欢迎。2000 年 12 月，在 sayclub.com 上购买虚拟道具的付费用户为 6 万人，一年后便暴增至 150 万人，每个用户平均每月支出折合人民币为 4.94 元，盈利非常可观。在 sayclub.com 的流行引领下，韩国排名前五的聊天和社交网站都已经"阿凡达化"，网络化身被广泛应用在聊天室、BBS、Email、虚拟社区等突出在线交流的网络服务里。

2002 年，在腾讯新建的 QQ 群平台中，虽然拥有共性的小群体建立了一个即时通信的空间，但如何让这个虚拟社区具有人格化特征、具备黏性并打造盈利模式，是腾讯面临的一个棘手问题。腾讯敏感地意识到，可以引进阿凡达计划来营建和丰富自己的社区，利用阿凡达技术和阿凡达形象系统将腾讯社区重新整合。腾讯先是委托一家韩国公司设计虚拟道具，之后，阿凡达小组的程序员又开发出 QQ 商城中多款游戏道具。2003 年 1 月 24 日，虚拟形象"QQ 秀"上线试运营，赠送所有 QQ 会员 Q 币，让他们去经营自己的社区。

阿凡达计划的引入最终使腾讯社区成为一个大规模的模拟现实的在线社区和虚拟游戏平台。原本腾讯在内容策划上力量薄弱，与内容相关的服务一直不能成为强项，但在阿凡达计划的引入中，腾讯却具有先天的优势，因为腾讯自身也有一套待开发的社区系统。虚拟社区的出现给用户更多新鲜的体验，提升了用户的能动性。阿凡达计划的服务内容也随着社区拓展而不断丰富。它将用户体验的定义从物理层面提升到情感层面。在运营一段时间之后，腾讯还提出以特权和等级制为特色的会员服务体系，进一步发展完善社区运营系统。

## 12.4 腾讯的创新评价：用户至上的理念

腾讯之所以能在中国的互联网公司中长居老大的位置，与腾讯初期创办公司时的一些发展理念和战略方向息息相关。腾讯的成功离不开用户至上的理念，无论是对产品的设计、对社区的经营，还是内部的机制体制，无一不是从用户的角度来设计产品和考虑问题。

早在 2004 年，马化腾就提出互联网公司应具有三种驱动力——技术驱动、应用驱动、用户和服务驱动,而腾讯将重点聚焦于第三种能力的培养。多年来,腾讯不断倾听和满足用户需求,一切以用户价值为依归,引导并超越用户需求,赢得用户尊敬,"使产品和服务像水和电融入人们的生活"。腾讯很早就提出了用户体验的概念。它富有创意地推出会员服务,出售虚拟道具、Q币等,使QQ从一款没有温度的即时通信工具逐渐转型为一个"类熟人"的网络社交平台。在这个意义上,腾讯是全球最早的社区网络的试水者之一。在微信开发的任何一款功能中,张小龙及其团队都要从使用者的角度反复体验这种功能是否能被用户接纳和喜爱。

事实上,腾讯公司从2008年起,就接受了美国著名整合营销传播学家、西北大学教授唐·伊·舒尔茨的整合营销传播的思想。这一思想将用户的重要性提升到史无前例的高度。整个21世纪的营销学从传统的"酒香不怕巷子深"的以产品为核心的阶段转变到以用户和市场为核心的阶段,探索用户需求、满足用户需要、为用户提供方便成为互联网思维的主旨。腾讯公司之所以能够拥有中国乃至全世界数量最多的黏性用户,与它深耕用户需求,打造取之于用户、用之于用户的产品,并且时刻与数十亿用户同呼吸、共命运的做法密不可分。

# 13 二更：用互联网思维传递主流文化

在 2016 年到 2017 年短视频发展的风口，中国诞生了一批专门制作短视频的商业媒体。它们敏感地捕捉到短视频可能出现的巨大机遇，先行发力。二更就是中国最早生产短视频的制作机构之一，短短几年就在短视频内容制作领域打造出自己的特色，凭借高标准的 PGC 生产模式快速抢占视频赛道，完成品牌塑造。

二更无论是内容还是制作团队都有传统媒体的基因，现在却成为面对互联网实现主流媒体价值观的品牌。在两种传媒行业、两种体制机制、两种竞争格局、两种企业文化里，二更如何跨越"不可逾越的断崖"？二更的发展历程和经验对传统媒体又有何借鉴？

## 13.1 二更的发展历史

二更最早于 2014 年 11 月在微信公众号上线，其创始人以"二更"为名，在每晚二更时分（晚上 9 时 36 分左右）向观众推出一条短视频。此后五年，二更飞速发展，以 7 000 多条原创作品、8 500 多万全网粉丝、380 多

# 13 二更：用互联网思维传递主流文化

亿总播放量、40多个产品的矩阵、系列内容 IP 等骄人业绩，成为国内成长最迅速、最受用户欢迎的短视频内容平台。2019 年，二更向互联网内容平台方向加速布局，从原创视频内容提供商蜕变为影视创作人生态的构建，再升级至包括内容、技术、发行、用户、营销在内的全域生态圈，联合主流视频平台构建内容领域的未来生态发展蓝图，朝着中国优秀互联网内容平台前行。

图 13.1 二更视频平台

二更的成长经历了四个阶段：

（1）1.0 阶段。二更在 2014 年年底正式上线，在当时只是一个内容创业团队，是一个新兴的短视频自媒体，以"深夜食堂"的公众号内容迅速吸引了众多粉丝，从一众自媒体中脱颖而出。自 2015 年 5 月起，原"深夜食堂"的公众号并入二更，更名为"二更食堂"，几个公众号合力运营。其微信平台的粉丝数超过 100 万，每天能获得 10 万+的粉丝。这一阶段，二更主要追求轻质唯美的视频表达，以年轻人为主要诉求对象。

（2）2.0 阶段。自 2015 年 6 月起，二更因获得融资开始扩大生产量。截至 2016 年年底，二更已发布 1 000 条原创短视频，二更及二更食堂双平台拥有粉丝超过 900 万，日均阅读量超过 50 万，盈利数千万元。这一阶段,二更提出"见世界、识人心"的内在价值主张,赋予自身更高品质的品牌调性。

(3) 3.0阶段。从2017年开始,二更获得国内短视频领域最大投资,开始成为国内短视频领域领军人物,同时布局海内外平台和站点,开始发展区域战略和垂直战略。在国内,开辟"更上海"、"更成都"、"更北京"等20多个站点;在海外,开拓"更日本"、"更北美"等站点和筹备处,把整个二更的内容生产体系通过合作方式变成全国化乃至全球化的内容生产网络。此外,二更建立了多个垂直化产品矩阵,旗下拥有"二更视频"、"二更食堂"(于2018年因滴滴顺风车空姐事件被永久关闭)、"mol摩尔时尚"、"贩音馆"、"一千零一种生活"、"更娱乐"等内容品牌,追求更有艺术气质的视频叙事,用更丰富、更高级的叙事手段拓展叙事空间。

(4) 4.0阶段。2018年4月,二更正式开始集团化运营,布局全内容行业,打造二更生态圈。平台产品内容服务全面升级,形成包含二更云、二更影业、二更传媒、二更文创、二更教育的传媒生态。同月,二更完成B3轮融资1.2亿元。这一阶段,二更提出内容要打动人心、触及人性,推出较长的系列短视频,充分发挥短视频的长效应。

经过四个阶段对内容品质的进阶探索,二更的内容从以前较为严肃的社会性话题转变为探讨生活方式和审美趣味的相关话题,注重挖掘生活中的点滴之美以及平凡人的理想和情怀,打造具有核心竞争力的内容产品,进而成为该领域的KOL。在此基础上再进入新的细分领域,将模式批量复制,进一步完善其平台化之路。

五年时间,二更已经从单一内容产品线发展到日益完善的产品矩阵和城市内容生态布局,从仅有一家杭州本土公司发展到拥有全国近十家分公司甚至产业园,从单一新媒体发展到覆盖传媒、教育、影业、文创、云平台的全域生态。二更的愿景是打造以传媒集团为基础架构的"中国最大的原创精品短视频内容机构",希望能形成更加高效、更加健康、更加可持续的短视频内容生产体系。

## 13.2 二更的短视频产品[①]

### 13.2.1 传播主流文化,发现身边的美

二更的内容产品线涵盖文化、生活、财经、娱乐等多个领域,但能够塑造其品牌的是它对主流文化的传播和对正能量的宣导。截至2018年年底,二更已经拍摄了4 000多个正能量短视频,题材主要体现在两个方面。

一是对主流文化的传递。虽然二更是一家新媒体公司,但它一直奉行"主流文化也可以依靠互联网传播"的理念,并且坚持做有情怀、有价值的内容。例如,在2016年G20峰会期间,二更制作了多条视频,充分体现了"中国魅力、杭州故事";在2017年端午节期间,二更制作的短视频《镜糕》讲述一块普通的小吃镜糕折射出西安人小时候的记忆,网友发文"想去西安,尝一尝这块镜糕"。二更关注美好的人物和事物,关注传统文化,传播正能量,吸引了众多粉丝关注。这些都帮助二更从相对浮躁的新媒体竞争市场中脱颖而出。

二是讲述老百姓的故事,发现身边"你不知道的美"。二更始终认为,表达身边的美好也是大多数人信息需求的重要部分。发现美的事物和人,坚持社会主流的审美观念导向,揭示这些美的本质和缘由,这样的内容产品一定是有需求的,而需求就是市场。通过讲述众多老百姓身边的故事,二更创造了独具价值的互联网内容品牌。例如,二更在2017年策划了一系列人物主题,包括《伟大的舞者》《医生也疯狂》等,通过视频表现出这些普通人物反映出来的社会正能量。2016年,二更制作的经典短视频《天梯上的孩子》(见图13.2)讲述了四川大凉山区的一群孩子为了上学每天攀爬藤条做的梯子,翻越大山去上学的故事,获得"2016'金熊猫'国际纪录片最佳公益类节目"奖,全网播放量超过4 300万。

---

[①] 本节内容资料主要来自2017年3月中央电视台发展研究中心对二更的调研。

图 13.2 《天梯上的孩子》

## 13.2.2 内容：多元垂直化发展

二更的整体内容布局是垂直细分，以优质内容为核心，实行在地化生产传播，以一、二线城市为坐标复制地方站模式，就地取材，吸引用户，构建涉及文化、娱乐、生活、财经四大板块的传播矩阵。在"更杭州"、"更上海"等国内城市站以及"更澳洲"、"更日本"、"更北美"等国外站纷纷上线之后，二更根据本地内容深耕细分，使自己的内容布局辐射全国乃至全球。

现在，二更已经有一些垂直细分的板块。

(1) 摩尔时尚。这是二更传媒的时尚板块。该板块从身边看似不时髦的小事出发，用创意和高级感的表现形式，创造多元的时尚视频。它用独树一帜的时尚观念和语言风格创造出来的视频内容，不仅得到粉丝的认可，也赢得时尚行业和品牌企业主的青睐。摩尔时尚的代表短片《奋进的号角》入围 2018 年南美洲"FICOCC 五洲国际电影节"并斩获两大奖项。

(2) 二更音乐。这是二更的音乐板块，是用故事来强化音乐记忆的音乐视频自媒体，专注发掘优秀的原创音乐作品，推荐优秀的歌曲和音乐人。2018 年，DNV 音乐集团旗下的国内领先的在线音乐授权平台 V.Fine Music 宣布与二更达成战略合作,向二更开放来自全球知名音乐人上传的优质音乐曲库,为二更提供优质丰富的音乐素材。

(3) 二更 Life。这是二更的生活板块。该板块深入城市街巷,挖掘深层都市血脉里的生活美学,聚焦美学烹饪、匠人手作、艺术设计、先锋建筑等领域,引领有品质、有态度的城市生活风尚。

此外,二更在娱乐、美食、亲子、电竞、职场等多个垂直领域打造 IP,比如亲子类微综艺纪录片《发光的孩子》、婚恋爱情实录《飞跃万里去见你》、时尚微剧情系列片《想开就绽放》、少女美食微综艺《豆蔻之味》、美食纪录片《辣味江湖》、泛电竞群微纪录片《致竞》、新型职业纪录短片《新职人》和时代人物发展纪录片《青春我家乡》等,都是传播量高、影响力大的短视频 IP。对于二更来说,这些垂直领域不仅仅是内容的布局,也是二更与电商相结合的入口。

### 13.2.3 叙事手法:通过讲故事来呈现人物命运

从叙事手法上来看,二更认为,在三五分钟的短片里,很难作宏大叙事,只能通过非常微观、具体的人物命运和故事来展现人的精神面貌和价值观。例如,二更比较受欢迎的一档视频 IP《最后一班地铁》,反映城市一族的生活百态,把镜头聚焦在深夜 11 点的最后一班地铁上,寥寥几个行色匆匆的人,或疲惫、或愉快、或面无表情,每个人都是孤独的都市夜归人。他们的面容和身影反映了都市生活的孤独、无奈,引发人们的共鸣。

在拍摄手法上,二更尽力表现美好的一面,不放大丑恶,将"快乐、自由、爱"作为自己最初的定位,真实表现当代中国的方方面面。例如,婚恋爱情实录《我们去结婚》,借助中国传统节日——七夕,直击结婚登记场景。二更从结婚登记的 500 对新人中选取 7 对,赠送并纪实拍摄新人的全球旅行。通过对婚姻中闪光点的捕捉,反映出婚姻中美好的一面。系列短视频《此时此刻》属于美食治愈纪录片。该视频聚焦一线都市夏天的夜宵店,镜头对准灯火、笑脸和美食,记录每一个平凡食客的真实故事。

## 13.3 二更的融合创新：合作运营战略

二更之所以从一众短视频制作公司中脱颖而出，不仅因为它的制作品位，还因为它能把握好内容制作与平台运营之间的关系。它从一开始就设立了明确的目标，内容建设和渠道建设双管齐下。

### 13.3.1 内容合作运营策略①

二更以正能量的优质内容，搭载亿级流量的自有入口及全域传播的主流媒体联盟，与用户共鸣互动，实现品牌的价值传播。

对于一家以内容为核心竞争力的短视频媒体平台而言，在扩大规模的同时，能否保持持续且品质稳定的产能，是考验其商业模式是否成熟的重要标准。其中，最重要的是创作人才。截至 2020 年 3 月底，二更拥有 400 多位做内容生产的专职人员，全职导演 140 多位，为其优质内容生产提供了保障。

#### 1. 与专业 PGC 团队组建城市站

在分工逐渐明晰的短视频行业，很多处于第一阵营的内容创作团队希望吸纳更多中腰部 PGC 团队，打造视频内容创作、营销推广、商业项目对接等生态服务一体化平台。

为了保证视频生产的数量和质量，二更触及全国各地方省份、城市。二更还陆续接触到海内外众多城市的优质视频创作团队。他们对放大内容创作能力、扩大互联网传播力乃至业务转型非常渴望。二者一拍即合，城市站应运而生。在合作团队的选择上，城市站的经济发展水平、历史文化底蕴，以及 PGC 团队的选题制作能力、商务拓展营销能力、政府资源拓展能力等都是二更考量的重要因素。

#### 2. 与传统媒体联合生产

为了保证内容品质，二更十分重视与传统媒体或具有传统媒体基因的媒

---

① 本小节内容资料来自 2019 年 10 月笔者对二更的调研。

介组织合作。二更在各地联系内容创作人员,组建城市站团队。有些城市站团队还与地方传统媒体积极展开合作。2017年12月,二更城市站"更苏州"与苏州广播电视总台合作成立苏州更广科技文化传播有限公司,这是二更与传统媒体合作成立的第一家公司。2018年一年间,"更苏州"和苏州广播电视总台联合出品了78部精品短视频,全年全网播放量达3.87亿次,平均播放量达516.2万次。多部短视频被《人民日报》、中国新闻网等国家级媒体转载。

在内容合作方面,为了能够生产出可持续性的高品质内容,二更在全国启动"二更伙伴"计划,推进与全国范围内合作视频团队的紧密合作。伙伴的关系不同于传统的制作雇佣关系,它面向专业内容制作者和运营者,二更提供品牌支撑和全网推广渠道,在商务拓展、联合运营、活动推广等多层面进行深入合作,建立包括内容方、广告主和用户在内的可循环生态(见图13.3)。"二更伙伴"遍布全球,合作的影视制作团队覆盖北京、上海、广州、深圳、成都、台北等15个国内城市,以及巴黎、东京、伦敦、洛杉矶等多个海外城市。各地伙伴都是用自己的微信群展开业务联系。

图13.3 二更的整合营销传播联盟图①

---

① 资料来源:二更公司。

### 13.3.2 平台合作运营策略

由于二更是内容制作商,没有自己的发布平台,因此格外重视平台的发布合作。在平台合作方面,二更构建了独特的"WTNSI"渠道体系(见图13.4):W是微信、微博,T是今日头条,N是视频网站及视频类App,S是地铁公交、户外楼宇,"I"是国际渠道。截至2019年10月,二更在全国线上线下覆盖200多家视频宣发渠道,每天的视频播放量超过3 000万次,每月超过10亿次[①]。

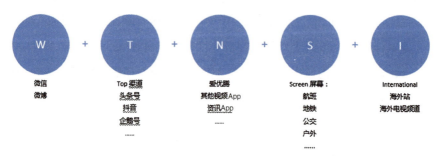

图 13.4 二更的 WTNSI 发布渠道[②]

### 13.3.3 营销合作运营策略[③]

在众多短视频制作公司中,二更是极少数能够实现内容变现的公司,成功秘诀是二更的每一条产品线都有非常明确的客户意向,通过为客户制作商业短片实现变现。

二更在短视频的体量做大之后,开始帮助一些企业拍摄软广告片,用讲故事的方式介绍某一个品牌或企业,由此获得付费。这是其营收的主要渠

---

①② 资料来源:二更公司。
③ 本小节内容资料来自2017年3月中央电视台发展研究中心对二更的调研。

道。二更策划总监认为,好内容即好广告,好内容就是品牌传播利器。与传统硬广相比,内容视频会让受众有代入感,能让其产生共鸣。受众不是不喜欢广告,而是喜欢会有好故事的广告。例如,二更在2017年感恩节与999感冒灵合作的暖心短视频《总有人偷偷爱着你》,通过5个小故事,表达了"感恩,这个世界总有人偷偷爱着你"这一核心思想,在几个主要平台综合播放量超过1亿。一方面,为999感冒灵做了广告;另一方面,传递了生活中的正能量。可谓一举两得。再例如,2016年二更与Lee牛仔裤品牌合作出品的商业视频广告《男生永远不会懂的终极难题》,从困扰众多男生的终极问题:"为什么女朋友的衣柜,永远还能再装一件?"入手编写了动人的小故事,上线仅三天时间,全网播放量突破1 300万次。二更从2016年6月正式开展商业视频制作业务以后,已有上百家公司定制。仅2016年,商业视频的营收已经超过千万元;截至2017年年初,合作过超过300家品牌。

## 13.4 二更短视频的创新价值:用互联网思维传递主流文化[①]

### 13.4.1 坚守主流文化阵地

二更短视频由传统媒体转型而来,它坚持自己的主流文化阵地,坚持传播正能量,以短视频讲故事的形式实现传统媒体内容的互联网表达。二更的经验充分说明,只要秉持互联网思维,传统媒体也可以做出深受用户喜欢的内容;只要策划精良、坚守品质,主流文化也能从新媒体市场中脱颖而出。

二更之所以能够坚守主流文化阵地,首先是抓住了传统媒体的人才机遇。无论是内容制作还是经营推广,传统媒体的人才通常更有资质。很多优秀的传统媒体人选择加盟二更,带来了丰富的经验和资源。二更的管理层几乎都来自传统媒体。董事长丁丰来自杭州的《青年时报》,有多年传统媒体广告经营经历;首席内容官王群力来自浙江影视集团,曾制作电视剧《温州一家

---

① 本小节内容资料来自2017年3月中央电视台发展研究中心对二更的调研。

人》;执行总裁林冠朝是《第一财经》的经营管理者。除了管理层之外,400人的内容团队大部分也来自传统媒体,例如上海团队的很多人来自SMG和《中国新闻周刊》等。

其次,二更有着非常严格的内部考评体系。由于大量人才来自传统媒体,二更将传统媒体的内容生产考评体系与互联网的特性相结合,制定出一套完整的考评体系,既符合内容创作团队的需求,又完善了管理体制。例如,用打分的方式评判编辑和记者的工作,根据成绩给编辑和记者奖励等。值得一提的是,二更正在执行导演制。二更现有导演100多位,类似于独立制片人或项目经理,拥有一些特殊权力,可以接触到优质资源。这些导演为二更能制作出优质的短视频作出了不可磨灭的贡献。

### 13.4.2 合理的规划和运营策略

从创业一开始,二更就像是一支调度有方、策略有术、攻守平衡的球队,在内容策略、平台策略、人才策略、营销策略上步步为营,走出了可持续发展的道路。因此,业界对二更的评价是"战略规划得当"。

二更坚守正能量的传统文化底线,发现身边的美,讲述老百姓的故事,在选题上赢得人心。它制作高品质的内容,同时也打通各种发布渠道,在内容和平台上同等过硬。二更已经成为一个类似于MCN的短视频资源聚合平台,既有优质产品,也有商业变现能力,具有广阔的发展前景。

## >>> 14 梨视频：
## 中国故事供应商[1]

梨视频是一个定位于"中国故事的新鲜讲述"的资讯短视频平台，于2016年11月上线。在三年多的时间里，它制作发布了大量优质的正能量短视频，成为中国资讯短视频的领先者，也是首个全视频化资讯传播平台。

梨视频以拥有全球最大的拍客系统而闻名，不仅有效地组织了8万余名核心拍客，也构建了一套较为成熟的拍客管理系统和内容管理系统，获得海内外关注。2017年10月，梨视频荣获中国新闻史学会颁发的"2017中国应用新闻传播十大创新案例"的荣誉。根据中央电视台发展研究中心于2017—2018年对九个短视频平台的监测数据，梨视频旗下共有7个账号（"一手Video"、"微辣Video"、"梨视频"、"全球视频大魔王"、"老板联播"、"文娱小队长"、"时差视频"），播放量全部进入九个主要平台的Top30。其中，"一手Video"持续位居短视频发布者第一位[2]。

---

[1] 本章内容资料大部分来自2017年3月和2018年11月中央电视台发展研究中心对梨视频的调研。
[2] 资料来源：中国广视索福瑞媒介研究公司。

## 14.1 梨视频的诞生和发展

梨视频是澎湃新闻原 CEO 邱兵的创业项目。2016 年 7 月 29 日,邱兵正式宣布离开澎湃新闻和《东方早报》,与提前离职的澎湃新闻原副总编李鑫汇合,创立梨视频项目。邱兵离职后,网罗了一批先后从澎湃新闻离职的管理人员。在最开始的 240 余人的团队中,技术人员大约有 50 名。第二年就网罗了 3 100 名拍客,遍及国内外 520 个城市。

梨视频的名称是从苹果公司获得的启迪。邱兵想要把自己的短视频项目打造成一只短视频的"梨子",在人们心中留下与乔布斯的"苹果"同等深刻的印迹。这个"梨子"力图塑造年轻的内容品牌形象,它结合 Buzzfeed、Vice 和 Knews 等年轻人喜爱的风格,直白简易,色彩清新,现代感十足。

梨视频一开始就有着清晰的定位——做资讯类短视频。这实际上延续了澎湃新闻主打时政新闻与思想分析的定位。梨视频认为,资讯类短视频是移动互联网时代用户获取信息的主形态,即用资讯类短视频讲述新鲜的中国故事。因为每一个人身上都有动人的故事,这些故事里记录着时代精神。梨视频用泛资讯短视频专注年轻人的思想、感情、生活,满足年轻用户充满活力、乐于分享的特征和需求,传递向上的精神。梨视频制作团队具有深厚的媒体专业背景,在制作时政新闻方面具有突出优势。因此,刚上线时,梨视频将自己定位为时政突发新闻资讯平台,提出了以下目标。

(1) 提供较为密集的资讯。短视频究竟应该多长,业界并没有统一的标准。梨视频认为,唯一的标准是要尽量去除视频中的无效信息。如果信息有效,长到 5 分钟也可以;如果 10 秒就能够说明一件事情,10 秒就是最合适的长度。梨视频曾经发布过一个仅有 9 秒的短视频。画面中,一个过马路的日本长者停下来向司机鞠躬,在日本引起轰动。

(2) 提供科学、全面和真实的信息。传统媒体多用文字告知公众某个信息,信息偏单一,而短视频形式让信息表达得足够丰富。因此,梨视频尽量利用短视频进行知识普及。例如,在帮助交管部门制作的一些警示性视频中,事件的前因后果一目了然,知识传递效果良好。

(3) 长于全景报道。梨视频尽量采用全景报道来呈现一些大型活动,产生了比较好的效果。近年来,梨视频也开始用移动直播的方式制作资讯内容。清晰定位与良好的专业制作背景,让梨视频迅速脱颖而出。

2017年3月以后,由于未取得互联网新闻信息服务资质和互联网视听节目服务资质,梨视频调整了其战略定位,从"时政突发新闻"调整为"专注于年轻人的生活、思想、感情"。此后,梨视频专注深度编辑的聚合内容和独家的短视频报道,内容涵盖科技、体育、资讯、健康、军事、娱乐、生活、财经、历史、文化、情感、搞笑、美食、创意、时尚、家居等多个领域,为移动互联网时代的视频生产和消费提供新的标准。

截至2019年年底,梨视频每日生产短视频1 000条,每日全网播放量超过10亿次,团队(包括内容、技术、运营等)共有500人。全球视频核心拍客有8万人,预计扩大到20万人,渗透到全国三、四线城市。前后获得三轮融资,估值在30亿元左右。

梨视频正在改变亿万用户获取资讯的习惯,提供全球范围内最新鲜的资讯内容。同时,梨视频正在搭建专业的全球拍客网络与短视频版权交易平台,打造连接拍客、媒体和用户的资讯短视频生态链。

## 14.2 梨视频的内容产品

### 14.2.1 内容特征:呈现主流价值观的中国故事

在内容设置上,梨视频不同于《新京报》的"我们视频"、"看看新闻"的严肃硬新闻,也不同于抖音和快手做UGC的内容。梨视频主打泛资讯内容,定位"中国故事供应商"。

梨视频建立了包括20多个内容产品的矩阵,打造各种垂直品类内容。例如,"微辣Video"主打趣味短视频;"冷面"主打新闻人物回访类视频;"风声"瞄准社会问题;"老板联播"关注老板动向;另外,还有关注海外的"时差视频"、"DIGGER",以及文娱类的"文娱小队长"、"眼镜儿"等。

当下,为了迎合资本需求,泛娱乐化互联网产品比比皆是。而梨视频守住底线,确保视频内容的真实、平衡,而且符合主流价值观。以中国故事为核心,梨视频打造了一些爆款产品。例如,党的十九大以来,梨视频与《人民日报》联合制作了5个红色爆款短视频,分别是《中国的红色梦想》、《新时代梦之队》、《人民领袖》、《为了共产党人的使命》、《摆脱贫困》,都获得了巨大的播放量。

根据梨视频自己的推荐,有两条获得1亿以上播放量的短视频值得介绍。一是2018年年初梨视频制作的短视频《壮观! 1500工人9小时为铁路站"换血"》(见图14.1),以1分04秒的时长讲述了福建龙岩铁路段1500名工人仅用9小时就完成转场施工,使火车顺利通行的过程。壮观的场面令人震撼,快节奏和大字幕凸显了梨视频的叙事风格。另一条《震撼场面,数百米立交桥一夜拆除》讲述了2017年6月30日晚,中国中铁四局施工队对"服役"了25年的南昌龙王庙立交桥动用200台挖掘机进行整体拆除的震撼场面。

图14.1 《壮观! 1500工人9小时为铁路站"换血"》视频截图

梨视频同样用快节奏、大字幕和震撼场面吸引用户眼球,取得了良好的传播效果。

### 14.2.2 视角:呈现细节中国,展现平凡人的生活

梨视频的拍客和专业编辑团队深信每一个人物都有动人的故事,这些小人物的故事里真实记录着大时代的精神。因此,梨视频依靠遍布中国城乡大地的拍客,捡拾中国普通人不平凡的故事和被传统主流媒体遗漏的精彩小事,用短视频的方式包装后在各大平台有效分发,使这些故事最快、最有效地抵达国内外受众。

例如,2016 年的《为成全女儿老汉流浪拾荒,谎称打工》讲述了流浪老人独自抚养女儿长大出嫁,却为了不给女儿婚后生活添麻烦,谎称外出打工却去流浪拾荒的故事。梨视频持续关注流浪老人的生活,拍成短视频系列,用真实镜头展现他们的人生。上线三天播放量过亿。

类似的故事许许多多,震撼人心。例如,陕西女孩带 78 岁痴呆养母读研。她说:"养母养我长大,我要陪她到老。"在上海虹桥火车站,复旦大学医学院博士胡馗正准备回家乡贵州。他拒绝了美国密歇根大学博士后的邀请和在上海工作的机会,说"贵州比上海更需要我"。江苏淮安公交司机丁文珍看到老大爷无法下车,将老大爷背到站台。两位工人坐公交车,担心衣服弄脏座椅,直接坐地上,司机多次劝说,工人表示感谢却没有挪动,司机放慢车速让他们坐得更平稳。甘肃一公交车上,一位妈妈累得睡着了。因为担心妈妈磕着碰着,七八岁的儿子默默用胳膊撑着她的下巴,保持了近 20 分钟。这些真实的故事看起来平常琐碎,却具有感动人心的强大力量。

梨视频的短视频注重细节,用真实的场景来讲述中国故事,呈现"细节中国",更符合年轻人对于内容资讯的需求。梨视频正是用真实美好的细节和优质的资讯内容来传递积极正向的价值观,把正能量的内容变成巨大流量,进一步证明严肃的内容、正确的价值观和美好的故事一样有市场前景。

## 14.3 梨视频的创新：全球最大的拍客系统

梨视频最大的创新，不仅在于内容呈现的视频形式，更在于生产方式的创新——专业编辑团队与全球拍客网络相结合的生产方式。梨视频建立了全球最大的拍客网络，这些拍客为梨视频提供最接地气的一手素材；梨视频通过自主研发的拍客管理系统对拍客进行管理，高效地组织拍客持续生产规模化、高质量、可核查的内容。据调查，拍客提供的内容占梨视频总内容的50%以上。

拍客的前身是美国的公民新闻。2003年，一个名为萨拉姆·帕克斯的博客发布了用手机拍摄的巴格达的日常所见，颠覆了美国民众所看到的CNN报道。这成为拍客的发端。此后，普通人所拍摄的新闻图片和新闻视频出现井喷之势，拍客渐成一股不容忽视的新闻力量。CNN甚至开辟了一个专栏"CNN I report"，专门汇聚拍客所发布的图片和视频，经过核实后，制作成电视栏目"I Report for CNN"。

梨视频在2016年一上线就提出"全球拍客、共同创造"的理念。截至2019年年底，梨视频将拍客队伍扩大到20万人，渗透到全国三、四线城市，建成全球最大的拍客系统。同时，梨视频也利用驻扎在全世界各地的拍客获取最新新闻资讯，例如在2020年年初的新冠肺炎疫情期间，梨视频在韩国、日本、美国等地的拍客就上传了很多反映各地新冠肺炎疫情状况的短视频。

### 14.3.1 Spider拍客技术和管理体系

在拍客系统的技术支持上，梨视频有两大较为成熟的技术体系：一是Spider管理系统，一是Wochit快速剪辑系统。

Spider是梨视频自己研发的拍客管理系统。它能够对拍客及其上传的视频进行位置定位、报题、派题和质量评估，并且在Spider系统上实现统一的综合管理。正是梨视频自主研发的Spider拍客管理系统，才能够支持强大的全球拍客网络系统的建立。

Wochit 也叫编客系统,它是梨视频与美国视频自动化生产服务商 Wochit 合作开发的,有一套能够实现快速剪辑的技术。Wochit 是一款在线智能视频生成工具,用户可以通过关键词调用媒体库中的视频素材,快速制作新闻视频。这种智能化的视频剪刀手技术的引进,为拍客搜索更多有用的资讯、挖掘有效信息、线上编排腾出了更多的时间。

### 14.3.2 严格的内容审核体系

梨视频一半以上内容来源于拍客。但由于拍客多数缺乏媒体专业素养,对选题和素材内容的把控很难一步到位,因此,拍客只负责拍摄投稿,而梨视频的编辑则负责把关、制作和审核。来自世界各地的拍客保证充足的内容来源,专业编辑团队则保证视频的质量。"拍客 + 专业编辑"构成梨视频 PUGC 模式的主要框架。

在审核方面,梨视频有以下步骤和机制。

(1)拍客身份认证。这是确保内容品质的第一步。梨视频拍客认证比手机实名认证更严格。拍客必须上传身份证进行身份认证,还需要进行职业认证和信用认证,经过交叉比对的严格的身份认证可以从源头上筛选出相对可靠的信息提供者、听指挥的信息提供者、可追溯核查的信息提供者。大部分拍客都没有发布权,不能直接发布视频,需要提交给编辑来进行发布。而拍客只需提供纯视频素材,这些不剪辑、不加特效、不加配音的素材有利于编辑进行审核判断。

(2)引进传统媒体的三审制。梨视频是唯一引进传统媒体三审制的短视频平台。梨视频建立了庞大和专业的审核队伍,参与内容编辑审核等环节的人数有 250 余人,占团队人数的一半。梨视频资金投入的一半也用在审核上。

三审制是对所有拍客上传的内容进行审核和编辑。多数互联网 App 采用的 UGC 模式,是用户将生产的内容直接发布到 App 上;但在梨视频平台上,拍客不能直接发布视频,必须发送给具有专业资质的编辑,经过审核才能够发布。具有丰富新闻背景的专业编辑负责对拍客上传的内容进行真实性审核、导向审核和质量审核。具体流程如下：

一审：各地拍客将拍摄的视频发送给当地的拍客主管，他们作为负责人主要对当地素材的真实性进行求证核实。

二审：统筹主编与责任编辑是责任人。统筹主编负责判断拍客上传的视频有无传播价值、导向是否正确、视频内容是否符合主流价值观，同时进行背景调查，查阅与视频内容相关的权威媒体报道和权威部门声音。责任编辑在编辑素材过程中，对视频的细节进行审核，包括但不限于时间、地点、人物、画质是否经过多次压缩等。

三审：主编作为责任人，再对编辑完成剪辑的素材进行全盘核查。除了上述核查内容以外，还要比对剪辑的逻辑、文本、视频等是否客观中立，会不会造成曲解等。

（3）规范的拍客发稿运作流程。拍客以投稿的形式上传视频素材，拍客主管负责统筹片区拍客资源并帮助网络拍客投稿。统筹主编筛选拍客投稿并分配选题给剪辑师，剪辑师再对素材进行网络化剪辑，再由统筹编辑审核成片，最后由内容总监审核发布。

（4）对拍客系统的管理。包括实名认证、签订协议、分区域管理和培训等。

一是拍客需要实名认证。如前所述，实名认证以后才可以进行 App 上传和视频发布。

二是双方需要签订协议。拍客保证自己发布的信息是真实可靠的，一旦出现纠纷，拍客需要承担损失和责任。一旦视频被梨视频选用，版权归梨视频所有。

三是分区域管理。拍客区域的主管负责与本地区拍客对接和统筹管理，区域主管除了精准网罗本区域的信息资讯，还可以迅速调动本地拍客去拍摄本地资讯或突发新闻。

四是拍客培训。培训内容包括：通过社交网络对拍客进行一对一指导；

专业编辑老师不定期对拍客进行业务培训；邀请相对专业的拍客分享拍摄经验和具体案例等。

### 14.3.3 首创 24 小时到账的拍客支付系统

梨视频在全球首创 24 小时到账的拍客支付系统。该系统由梨视频自己设计，与支付宝合作开发了提取现金环节。这套系统对于拍客很有吸引力，促进拍客系统的良性运转。

拍客的稿酬由基本稿费和传播效果稿费两部分组成。基本稿费是在内容一经发布以后就能够获得，传播效果稿费是以该条稿件在网上 24 小时内的播放量来计算。每条发布的视频，签约拍客所获得的报酬在一线城市为 500 元，在二线城市为 400 元；未认证为拍客的普通用户所报料的一条视频报酬在 50 元到数百元不等，如果这些视频在全网每增加 10 万点击量则会增加一定额度的稿费。

## 14.4 梨视频的创新思考：如何打造日益完善的拍客系统

梨视频在短视频发展方面走在行业前列，其最大的价值是创建了全球最大的拍客系统。之后，梨视频的拍客系统也被业内媒体纷纷效仿，不仅解决了获得可持续性内容来源的问题，也在激发用户的创作积极性方面起到重要作用，使拍客的建设成为许多媒体，甚至主流媒体的重要任务。梨视频在对其拍客系统不断开发完善的过程中，取得了一些经验，同时也面临一些困惑。

### 14.4.1 日益扩大的拍客系统和加强监管的两难

梨视频搭建了一个覆盖全球的拍客网络，将资讯获取的触角延伸到全球每一个角落，这是全球任何一家传播机构都没有做到的事情。截至 2018 年年底，其拍客超过 8 万人，遍布 525 个国际主要城市和 2 000 多个国内区县。

梨视频日益扩大的拍客系统面临内容监管的难题。拍客虽然能够带来可持续的内容来源,但相比专业记者,拍客的专业性、稳定性和客观性都有所欠缺,因此,如何保证拍客上传内容的真实和高品质变成内容审核中的一大课题。虽然梨视频已经采用三审制度来层层把关,提升审核的专业性,但仍然难以做到尽善尽美。

梨视频已经将自己一半的资金用在三审制度上,但是日益庞大的拍客系统对审核制度提出了更为严峻的要求。一是监管上面临的巨大压力。尤其是当拍客系统日益下沉到三线和四线城市时,拍客数量急剧增加,而且三、四线城市拍客的普遍素质和专业性方面会低于一、二线城市拍客,内容监管方面势必需要更多的人力。二是拍客运行成本高。据梨视频统计,梨视频每天向拍客支付的稿酬就有 60 万,上传海量视频的同时还需要与之相匹配的编辑团队,再加上技术研发、服务器、宽带维护等费用,成本支出压力非常大。依靠广告和定制视频的收入只是杯水车薪,盈利是摆在梨视频面前最棘手的一个问题。

不过,梨视频仍然在实行它的"下沉计划",计划逐步将用户下沉到 294 个三线和四线城市,打造地市级拍客网络,并且对这些下沉的拍客实行精细化管理,突破审核难关。应对用户下沉,相信梨视频会逐渐摸索出一套合适的做法。

### 14.4.2　在做内容与做平台之间面临选择

在短视频制作机构中,一类以内容制作为主,如二更,集中精力生产内容并发布到一些机构平台,被称为内容型机构;另一类是聚合平台,如今日头条,以聚合其他网站内容为主,通过流量来吸引用户,被称为平台型机构。两类短视频机构定位清楚、分工明确、各得其所。

而梨视频不同。自成立以来,梨视频一直在做平台与做内容之间摇摆不定。

梨视频将主要精力放在内容原创方面,打造全球最大的拍客系统,每天生产上千条 PUGC 短视频。它自己虽然也有 App 平台,但忠实用户数量并不可观。笔者调研时发现,令梨视频困惑的是,应该集中力量构建自己的平台,还是先借由其他知名平台推送内容以扩大影响力？通过实践,梨视频发现,更多地将其内容发布到今日头条、网易、腾讯、秒拍等多个渠道上虽然能扩大影响力,但也为其自身 App 吸引客户带来难度,导致自身平台的用户小众化。梨视频的负责人邱兵说,梨视频并不阻止自己的内容借力其他平台推广,但如何进一步扩大其自身平台的影响力,一直是它需要面对的问题。

　　选择内容还是选择平台似乎是很多媒体,包括中央广播电视总台这样的主流媒体曾经遇到过的问题。专注于内容就会疏于平台建设,而难以聚拢大规模的用户;专注平台又会缺乏原创生动的内容。通常媒体会在内容和平台之间选择其一侧重发展。笔者认为,从梨视频自身实际情况来看,基于其专业的制作团队和拍客的内容供应,专注内容更可能实现其自身价值。而事实上,从 2019 年以来,我们看到的梨视频也是更广泛和更多元化地拓展其内容的制作和创新,例如新冠肺炎疫情期间开拓直播业务,进一步拓展海外的拍客系统等。这些都在一定程度上进一步拓展了梨视频的内容业务发展,增加了其影响力。

# 15 今日头条：领先全球的算法技术

今日头条是北京字节跳动科技有限公司(简称字节跳动)开发的一个由技术驱动进行信息聚合和算法分发的新媒体平台。自成立以来，今日头条凭借超强的执行力和一套独特算法，快速占领很大一部分市场，与美团、滴滴一起被称为互联网小巨人 TMD，这个"T"就是头条。

今日头条创始人张一鸣的想法很简单："我们不生产内容，而是做内容的搬运工，并且还要通过算法和大数据，让每一个用户看见的内容都不一样。"今日头条已经成为我国互联网公司中规模最大的内容聚合平台。

## 15.1 今日头条的发展历程

今日头条从创业伊始就找到了与微博、博客、新浪网等不同的道路——由算法技术支撑的内容聚合平台。

今日头条的发展大致可以分为三个阶段。

### 15.1.1 探索期(2012 年 3—12 月)

今日头条自称"不做内容生产者，只做内容搬运工"。它们根据自身实际情况,找准定位,突破互联网门户网站的"红海",从算法进行突破,把自己定位为一款基于数据挖掘的智能推荐内容产品。今日头条率先用纯技术算法手段从海量的内容中搜索挖掘有价值的内容,最关键的是,这些内容可以根据客户的需要进行定制化推送。

当用户使用微博、QQ等社交账号登录今日头条时,它能在5秒内通过算法解读使用者的兴趣DNA。用户每次操作后,10秒更新用户模型。用户使用次数越多,模型越准确,从而推荐精准的阅读内容。

算法的独特性,加上诞生时间正好与移动互联网大发展相吻合,使得今日头条充分享受移动互联网的初期红利,获得爆发式增长。上线90天,它便获得1 000万用户;截至2012年年底,日活跃用户数就达到100万。

最开始,今日头条的内容来自其他门户网站的新闻汇总。之后,今日头条对门户网站运用推荐引擎的模式。用户在点击新闻标题后,内容会跳转到新闻门户网站的原网页。出于用户体验的考虑,为方便移动用户阅读,今日头条会对被访问的其他网站和网页进行再处理,去除原网页上的广告,只显示内容。这种定制化推送成为今日头条一举成功的秘密武器。定制化让人们可以从浩瀚无垠的信息海洋中读取到精准推送的信息。

## 15.1.2 成长期(2013年1月—2015年9月)

定制化推送也有弊端。今日头条的智能挖掘从无数提供内容的网站中获取信息,经常会被告侵权。为解决这个问题,2013年,今日头条推出头条号自媒体,邀请一万多家知名自媒体专门生产内容。有了原创内容后,再也不用担心侵权问题。几个月后,头条号就成为继微信公众号之外的第二大自媒体平台。2015年之后,今日头条扩大内容形态,打造微头条和问答板块,从此有了文章、问答、微头条三种不同形式的内容组合。

这一时期,今日头条完成了两个大版本的产品迭代——从3.0版到5.5版。新产品在功能上进行了更新,强化了互动,丰富了内容形式,包括问答、视频、微头条、动态等功能都在这一阶段上线。随着产品价值得到验证,用户量和日活跃用户数都迎来指数级增长。截至 2013 年年底,日活跃用户数超过 1 000 万;2014 年,月活跃用户数达 3 000 万,每天内容库有 10 万条信息;2015 年 1 月,用户量达 2.2 亿,日活跃用户数达 2 000 万。到 2015 年上半年,今日头条已经成为仅次于腾讯新闻的第二大新闻客户端。

### 15.1.3　成熟期(2015 年 9 月至今)

这一阶段,今日头条开始从内容分发延伸到内容创作环节,头条号运营逐渐稳定,成立内容基金,鼓励自媒体的内容生产。2016 年以后,内容创业出现井喷,视频直播风口骤起,今日头条也开始发力短视频。一方面,相继投资图虫网、华尔街见闻、新榜、财新世界说、极客公园、餐饮老板内参、30 秒懂车等 30 多个公司,大手笔收购美国短视频公司 Flipagram、音乐视频公司 musical.ly 等;另一方面,拿出 10 亿元补贴头条号和视频创作者,用钱"砸"出国内最大的自媒体作者平台。

随着发展加速,短视频业务从今日头条体系中分裂出来,主要是抖音、火山小视频、西瓜视频等短视频平台,以及悟空问答、懂车帝等模块业务。与今日头条的媒体属性不太一样的是,火山小视频和抖音两款视频更多体现社交属性。多管齐下、裂变发展的战略安排,将今日头条建成超级内容聚合平台(见图 15.1)。

图 15.1　今日头条主要产品矩阵

这一阶段,今日头条开始布局全球战略,将已有产品国际化,如今日头条海外版 TopBuzz、西瓜视频海外版 BuzzVideo、火山小视频海外版 Hypstar 和抖音短视频海外版 TikTok 等。

截至 2018 年年底,今日头条已有 120 万头条号,日均内容发布量达 50

万,日均内容阅读量达 48 亿,日活跃用户数 3 亿,全球用户约有 9 亿。视频流量占比超过 60%,每天有 2 000 万条视频上传,100 亿视频播放量,成为仅次于微信的国民 App。

## 15.2 字节跳动的主要产品

从 2012 年起,字节跳动旗下一度有 6 款知名 App 产品,分别是今日头条、抖音短视频、火山小视频、内涵段子、悟空问答、西瓜视频。其中,今日头条主打新闻资讯,抖音短视频、火山小视频和西瓜视频主攻短视频,悟空问答做问答社区,内涵段子经营搞笑社区。2018 年 4 月,内涵段子由于格调不高被永久关停。同月,火山小视频也关停同城频道。2020 年 1 月,火山小视频更名为抖音火山版,启用全新图标问世。今日头条将其内部汽车频道垂直化运作,于 2018 年年初变成一款独立的 App"懂车帝"。之后又在今日头条的资讯基础上另起山头,增加一款融合社区功能的资讯 App"头条极速",采用给用户发放金币、邀请好友赚钱、鼓励评论等方式加强用户黏性。

### 15.2.1 今日头条和今日头条极速版

今日头条是字节跳动最早开发的一款新闻资讯类 App,由创始人张一鸣于 2012 年 3 月创建,是国内浏览量最大的一款新闻资讯 App 产品。今日头条基于数据挖掘技术,为用户推荐信息,提供连接人与信息的服务。它可以根据每个用户的兴趣、位置等多个维度进行个性化推荐。推荐内容不仅包括狭义上的新闻,还包括音乐、电影、游戏、购物等资讯。

今日头条极速版是在今日头条新闻资讯的基础上增加社交功能的 App,与今日头条最大的不同是今日头条极速版增加了一项"任务",以此吸引更多用户登录今日头条看新闻:通过每日签到来获得金币,所赚的金币可以兑换现金(见图 15.2)。另外,极速版提供了小说阅读的功能。

图 15.2　今日头条极速版的赚取金币功能

### 15.2.2　悟空问答

2017年4月7日,今日头条剑指知乎,推出头条问答。2017年6月,头条问答升级为悟空问答,成为为所有人服务的问答社区。作为一种获取信息和激发讨论的全新方式,悟空问答的使命是：增长人类世界的知识总量,消除信息不平等,促进人与人的相互理解。

升级后的悟空问答动作不断,先是在 2017 年投资 10 亿元签约 5 000 名各专业领域的回答贡献者,并且以赞赏、红包形式补贴普通用户,刺激优质原创内容的产出。为了加强品牌辨识度,还拓展独立运营能力,例如推出独立 App 和 PC 端网站,让用户既能在今日头条 App 上访问悟空问答,也可以下载悟空问答 iOS 版和安卓版 App,或直接访问 PC 端。

悟空问答的特点：一是用户基数庞大。截至 2017 年年底,悟空问答用户已经超过 1 亿,每天产生 3 万个提问、20 万个回答;已签约 2 000 个答主,每月超过 1 000 万元投入[①]。二是开放多元,明星入驻。有不少社会知名人士,如

---

[①]《悟空问答明年投 10 亿元给答主,5 000 个最优质签约者可直接分 5 亿元》,https://baijiahao.baidu.com/s?id=15847472141889055538&wfr=spider&for=pc,2017 年 11 月 22 日。

景甜、柳岩、黄健翔、罗永浩等入驻悟空问答。三是智能算法。悟空问答沿用今日头条的大数据智能推荐算法,根据用户的阅读、评论等操作行为进行内部系统评分和排名,优胜劣汰地为用户精准推荐。这种"去小编"的智能推荐模式激活了用户的兴趣点,也能大幅度提升用户黏性。

### 15.2.3 抖音短视频

抖音短视频(简称抖音)于2016年9月上线,是今日头条在社交领域打出的一张王牌。抖音主打年轻、新潮的短视频内容,吸纳身处一、二线城市的24岁以下的年轻用户。根据Questmobile的数据,截至2019年1月15日,抖音日活跃用户数突破2.5亿,月活跃用户数突破5亿[1]。抖音已经进入短视频行业前十名。

自影像技术诞生以来,全世界范围内最受欢迎的短视频就是音乐短视频MV。但是MV拍摄困难,能随时随地对着镜头说一段、唱一段的人不多。国外Dubsmash软件的对嘴表演模式创造性地解决了这个问题。通过音频台词,用户只要表演就可以自拍,而且剧本都为用户写好了。音频时长普遍不到10秒,成本低、趣味高。抖音是Dubsmash的中国版。它延续了这个特点——用户可以通过这款软件选择歌曲、拍摄音乐短视频来形成自己的作品。因此,抖音自诞生起就疯狂成长。

2017年11月10日,今日头条以10亿美元收购北美音乐短视频社交平台musical.ly。musical.ly于2014年4月上线,是一款音乐类短视频社区应用。用户通过将自己拍摄的视频配上乐库的音乐,就能快速地创建时长15秒的MV,或选择自己喜欢的热门打榜歌曲,通过对口型和肢体动作来制作音乐视频。在被今日头条收购之前,musical.ly全球日活跃用户数超过2 000万,其中,北美活跃用户数超过600万。今日头条收购musical.ly之后,将其用户转移到抖音海外版TikTok上面。TikTok在海外占领用户市场也连获佳绩。据

---

[1] 《抖音:日活突破2.5亿,月活突破5亿》,凤凰网,http://finance.ifeng.com/c/7jU6nOadnKN,2019年1月15日。

eMarketer报告,TikTok美国用户规模在2019年增长了97.5%[①],其吸引的大部分用户为儿童和青少年。

今日头条对musical.ly的收购是今日头条全球化战略的继续。张一鸣曾就"出海"战略表示:"中国的互联网人口只占全球互联网人口的五分之一,如果不在全球配置资源,追求规模化效应的产品,五分之一无法跟五分之四竞争,所以'出海'是必然。"

当然,今日头条最核心的算法优势也用到抖音上,一开始就在产品层面加入算法推荐模型以保证内容分发效率。去中心化的分发使得人人都有爆红的可能性,这使得很多人一刷抖音就停不下来。抖音成为一款魔性软件。

### 15.2.4 西瓜视频

西瓜视频于2016年5月上线,其前身是头条视频。在张一鸣意识到短视频未来一定是风口之后,于2017年6月8日将头条视频果断变身为西瓜视频,要做中国版的YouTube。

西瓜视频推出全新口号"给你新鲜好看"。仅一年半时间,西瓜视频就成为国内最大的PUGC短视频平台。2018年5月,西瓜视频日均使用时长超过70分钟,日均播放量超过40亿。2018年10月,西瓜视频月活跃用户数达到17 812.9万人,在短视频App月活跃用户数排行榜中排名第三。截至2018年年底,西瓜视频用户数超过5亿。

西瓜视频主要聚合PGC和OGC(occupational generated content,职业生产内容),每日上传视频几十万至几百万条。西瓜视频拥有很多优质短视频创作者,非常注重对他们的扶持和培养,并且为平台优质创作者提供推广和宣传,主要措施是通过内容扶植等一系列活动来激活众多头部创作者和垂直品类的优秀内容创作者。例如,手作类创作人"玩子君手作"一年时间便涨粉

---

① 《eMarketer:预计2020年TikTok美国用户将达到4 540万人 同比增长21.9%》,199IT,http://www.199it.com/archives/1014261.html,2020年3月1日。

100多万,月收入突破5万元。游戏领域Top5的创作人年平均收入超过300万元;广电领域Top10作者、音乐领域头部作者年平均收入均超过100万元;体育领域头部作者年平均收入超过50万元。萌宠类创作者"吴宝宝的哈士奇"在西瓜视频运营223天便收获94万粉丝,月收入破万。2018年年底,西瓜视频又推出"万花筒计划"和"风车计划",目的在于扶持快速增长的垂直内容品类。

西瓜视频的内容创作者基于流量有广告分成和平台补贴。未来,西瓜视频的创作者将从粉丝播放中获得至少高于日常流量六倍的分成收入。

### 15.2.5 抖音火山版(原火山小视频)

抖音火山版的前身是火山小视频。它原是一款生活类小视频社区,由今日头条孵化,通过小视频来帮助用户获取内容、展示自我、获得粉丝。

火山小视频一度非常辉煌。2017年6月,在腾讯应用宝举办的"星App"5月榜单发布活动中,火山小视频App登顶新锐应用。2018年4月5日,针对App中出现的大量未成年妈妈视频等低俗内容,火山小视频在各大安卓应用商店下架。此后,火山小视频一直积极整改并寻找出山之日。2018年7月10日,火山小视频宣布推出"百万行家计划"。该计划在此后一年间投入10亿元,面向全国扶持职业人群、行业机构和MCN,覆盖包括烹饪、养殖、汽修、装潢等领域,帮助人们搭建职业化人群交流展示的平台,将火山小视频建成视频版的行业百科全书。2018年,火山小视频还与中国美发美容协会联合发布《2018中国美发美容行业发展白皮书》。

2020年1月,火山小视频以抖音火山版的面貌出现,启用全新图标。抖音火山版仍然主打生活小视频,教用户15秒做出自己专属的小视频,可以添加文字或涂鸦等特效,以快速记录生活中的每一个有趣瞬间。此外,抖音火山版还推出"火点计划",为培养火山小视频的UGC原创达人提供一个长期的扶持计划,不仅发掘、寻找与火山小视频有故事的原创达人,还通过让他们拍摄纪录片的方式,与用户分享他们最真切的生活。

## 15.3  今日头条的独门秘籍:算法技术和人工智能[①]

### 15.3.1  算法技术

今日头条之所以一直都被看作是成功的互联网公司,是因为它有领先全球的算法。据今日头条负责人称,今日头条的算法领先全球大约 10 个月。

作为主客户端的今日头条,是一款基于机器学习的个性化资讯推荐引擎。机器人通过分析人、内容、环境的特征,让信息和人更加匹配,实现个性化的精准推荐。机器记录用户的每一次使用行为,分析用户的兴趣爱好,自动为用户推荐喜欢和应知的内容。用户越用,它就越懂用户。例如,如果用户喜欢看股票内容,那么今日头条就会陆续为用户呈现股票相关的内容;如果用户喜欢战争短片,那么今日头条就会陆续为用户呈现战争电影等视频内容。

该引擎有三大特色:一是个性化推荐的主页内容。每个人的主页都不一样,对于读者来说,你关心的内容才会推荐给你。二是机器筛选的优质内容。后台机器会时刻过滤营销软文,为用户筛选出优质内容,用户打开 App 看到的都是自己感兴趣的内容。三是主动推送时刻更新的内容。用户不用搜索,今日头条会持续主动地推送用户感兴趣的内容,真正实现即刻更新。

今日头条不仅帮助用户找到优质内容,也帮优质内容找到读者。它聚合了 120 多万个头条号,48 亿多头条号日均阅读量/播放量,50 多万头条号日均内容发布量,100 多万自媒体头条号,1 万多合作的媒体机构,7 万多政府机构及各类组织,12 万多企业头条号。

除了推送内容之外,今日头条的广告也是人工智能根据用户的阅读记录和点赞等行为推送的原生广告,实现精准营销。同时,今日头条旗下的短视频产品线,也是依托强大的人工智能技术挖掘最能吸引用户的内容,做个性

---

[①]  本节内容资料来自 2018 年 12 月中央电视台发展研究中心对今日头条的调研。

化推荐。

毋庸置疑，算法满足了人们高效、快速消费信息的需求，但是机器算法也有缺陷。例如，一旦用户搜索了一条内容低俗的短视频，算法便会持续不断地向用户推送相关内容的视频。仅2017年，今日头条就因内容低俗被中央网信办多次约谈，因为其内容涉及：向用户推送艳俗直播平台表演的低俗节目，渲染演艺明星绯闻隐私，炒作明星炫富享乐，发布低俗媚俗之八卦信息，在相关频道刊登低俗网络出版物等严重问题。直到内涵段子App在2018年4月被永久关停，今日头条的低俗内容依然层出不穷。如今，在今日头条上仍然能看到不堪入目的低俗内容，相当大的原因是机器算法推荐机制所形成的死循环。

### 15.3.2 人工智能

人工智能是今日头条在算法技术之后的主抓方向。今日头条人工智能实验室成立于2016年，依托今日头条的海量数据，专注人工智能领域的前沿技术研究，并将研究成果应用于今日头条的产品中，助力内容的创作、分发、互动、管理。同时，实验室也将针对人工智能相关领域内长期性和开放性问题进行研究，帮助公司实现对未来发展的构想，促进信息与知识交流的效率与深度。2017年，人工智能已经推动了其矩阵产品的流量和用户服务。

今日头条人工智能具有以下核心优势：

（1）拥有海量数据及更完善的训练样本。今日头条App内每天信息流展示的文章和视频超过100亿条，每天处理的数据量超过7.8PB。今日头条系列产品每天产生60亿次的服务器请求数量。这些数据可用于训练算法模型，建立统一的数据仓库，以持续训练完善人工智能。

（2）在人、数据、算法与内容之间形成完整的反馈闭环，并且应用于产品的每一个环节中。例如，用户训练数据及标注数据，可用于监督/半监督机器学习，而机器又反过来将内容推荐给用户，如此循环往复。

（3）丰富多样的实际应用场景。战略性的产品矩阵使今日头条拥有大量面向用户的人工智能应用场景。

（4）聚合了来自国内外的顶尖人才。人才是创造更先进人工智能算法的基石。今日头条人工智能实验室不仅资助优秀的研究者，也与其他高校和学术界保持合作，促进人工智能不断进步。

有了算法技术和人工智能，今日头条搭建起一个"基于机器学习、大数据挖掘，构建精准、高效的内容分发模式"的新型内容生态体系，实现信息分发的千人千面，真正实现个性化信息推荐引擎的功能。

## 15.4　今日头条的创新启示：开辟"蓝海"，走差异化创新道路

今日头条从创业之初，就走出了一条与传统"红海"不同的差异化创新道路，用机器算法为自己开创一片"蓝海"。

### 15.4.1　差异化的产品创新

美国经济学家熊彼特在一百多年前提出了著名的产品创新理论。该理论有两层重要含义，一是采用新产品来占据市场，获得市场先机；二是赋予已有产品新特性，在人们头脑中形成新的认知。

今日头条的创业思想实践了产品创新理论。对于在当时已经成熟壮大的门户网站，如新浪、搜狐，以及搜索引擎网站，如百度、搜狗，今日头条没有效仿，而是另辟蹊径，利用自己的技术优势，从算法入手，做内容分发平台。它先实现定制化推送，推出内容聚合平台，之后借势打造多元产品矩阵，对其进行品牌化管理，建立了自己的内容帝国。

在强化内容运营的同时，今日头条也改变单一定位，增强社交基因。今日头条上线悟空问答、微头条和 Live.me 等，并且投入 10 亿元鼓励知识分享，进一步增加用户活跃度和黏性，助推其从资讯分发平台转型升级为娱乐社交平台。它重点打造的抖音，成为社交性短视频平台，突破了以制作和推送短视频内容为本的传统模式。

在内部，今日头条也利用市场差异化进军垂直细分领域。今日头条深耕垂直细分领域，进行品牌化运营，并且在产品矩阵间相互导流，资源共享。

### 15.4.2　实施利基战略，拓展海外市场

利基战略是一种专业化经营战略。在对市场的选择上，利基战略侧重于选择那些强大的竞争对手并不是很感兴趣的领域，集中力量进入并成为领先者。

在中国互联网市场被 BAT 三大巨头瓜分殆尽之时，今日头条将目光聚焦内容行业，率先进入资讯类短视频领域。一是借鉴"农村包围城市"的思想，在互联网企业的禁区逐步扩大市场份额。例如，火山小视频通过在农村召开发布会，主动迎合三、四线城市，甚至更偏远的用户，从而在该市场取得竞争地位。二是紧紧抓住细分市场中最具潜力和影响力的"千禧一代"以谋求更好的发展，例如抖音就主要面向一、二线城市的"95 后"和"00 后"。三是今日头条将全球化定为自己的核心战略之一，通过自建和投资的方式积极拓展海外市场，不仅推出今日头条海外版 TopBuzz 和抖音短视频海外版 TikTok 等，还投资印度最大的内容聚合平台 Dailyhunt，收购美国短视频应用 Flipagram 等。

### 15.4.3　机器算法带来信息闭环

成也萧何，败也萧何。今日头条算法的劣势就隐藏在其优势之中。由于今日头条的算法推送技术锁定了用户的兴趣偏向，在一定程度上导致用户陷入信息闭环，让人难以自拔。

2017 年，在中国国际大数据博览会上，今日头条副总裁、人工智能实验室主任马维英做了题为《信息流与人工智能的未来》的演讲。他说道：在今日头条，我们相信人机互动，人机相互学习，人帮机器，机器帮人，大数据闭环能够让人工智能再往前走到超级智能，这是我们看见的未来，也是今日头条的使命[1]。

---

[1] 《[砥砺奋进的五年·聚焦大数据]今日头条马维英：信息流与人工智能的未来》，环球网，https://tech.huanqiu.com/article/9CaKrnK34kH，2017 年 5 月 25 日。

然而,对于技术来说,我们应该看到最重要的一点是,技术和算法的背后也是人,技术和算法没有是非之分,但是人有明确的价值观。过于强调技术力量,会突破人的底线。

笔者认为,算法本身并无绝对的好坏,它只是一个能够帮助产品快速吸引用户的手段,但是不应该局限于此。由于推荐算法的内容重复度高,容易对用户造成视觉疲劳,并且让用户在信息泥潭越陷越深。因此,一个产品只有能够探索和引导用户发现新的兴趣点,才会有更好的产品黏性和用户体验。从这个意义上来看,在内容分发行业,算法与人工干预相结合有助于用户更加合理和理性地消费网络内容,应是未来的大势所趋。

## >>> 16 抖音：让人上瘾的魔性软件

抖音是字节跳动公司打造的一款供 UGC 用户使用的 15 秒音乐短视频 App。用户拍摄 15 秒的短视频，通过平台上提供的工具选择配乐加工，形成自己的作品上传到平台，获得他人的点赞、评论和分享。2016 年 9 月，抖音正式上线。2017 年 8 月，抖音海外版 TikTok 上线，在日本颇受欢迎，每十个移动用户中就有一个使用抖音。11 月，今日头条 10 亿美元收购北美音乐短视频社交平台 musical.ly，与抖音合并。

抖音用户数自从 2017 年 3 月起开始飙升。2018 年 1 月，抖音国内日活跃用户数为 3 千万，日均播放量超过 20 亿。2018 年春节期间，抖音持续占领中国 App Store 单日下载量榜首共 16 天，打破了自 2017 年年初以来其他所有非游戏类 App 所创下的冠军位持续天数的纪录。美国市场研究公司 Sensor Tower 的数据显示，2018 年一季度，抖音海外版 TikTok 的 App Store 全球下载量达 4 580 万次，超越 Facebook、Instagram、YouTube 等 iOS 应用。2019 年 1 月 15 日，抖音日活跃用户数突破 2.5 亿，月活跃用户数突破 5 亿[1]；2019

---

[1] 资料来源：美国市场研究公司 Sensor Tower，2019 年 1 月。

年 7 月,抖音日活跃用户数超过 3.2 亿[①]。不得不承认,国内还没有一款短视频有抖音如此巨大的下载量和影响力。

## 16.1 抖音的发展历程

字节跳动公司上线抖音是在 2016 年 9 月。彼时,字节跳动敏感地嗅到短视频即将成为风口,于是在今日头条内部改版时打造了两款短视频产品——抖音和火山小视频。蛰伏半年以后,抖音平静地度过了产品的探索期,积累了一定量的优质用户和原创内容,出现在人们的视线之中。抖音的发展历程可以分为三个阶段。

(1) 蛰伏期。从 2016 年 9 月 26 日发布抖音 V1.0.0 版本到 2017 年 4 月 18 日升级到 V1.3.7 版本,是抖音的蛰伏期。这一时期,抖音并未全面出击,而是重在产品打磨、体验优化、性能提升和市场融入。它一边提升视频清晰度和质感,优化视频加载和播放流畅度,一边增加滤镜、贴纸等简单有趣的特效。与此同时,抖音还潜心摸索传播者和受传者的特点,不断调适产品的核心功能,完善录制视频的基本功能,包括拍摄、剪辑、美颜等相关功能,以及高效的传播和分享机制等。这个阶段是抖音发展过程中打基础的阶段,为后期爆发式的发展奠定坚实的基础,建立最早的用户口碑。

(2) 推广期。从 2017 年 4 月 28 日的 V1.4.0 版本到 2017 年 9 月 26 日的 V1.6.8 版本是抖音的推广期。此时,抖音在持续优化体验中开始推广自己,扩大差异化竞争力,完成口碑传播,实现用户积累。与此同时,抖音结合自身定位拍摄发布了首支 TVC 广告,邀请明星在抖音上发布新歌,赞助综艺娱乐,举办线上线下活动等一系列推介活动。在功能上,抖音新增加了 3D 系列的抖动水印、炫酷的道具和贴纸,提升了滤镜和美颜效果,还开创了抖音故事、音

---

① 齐朋利:《抖音最新日活超 3.2 亿,半年增长 7 000 万》,搜狐号"新商业情报",http://www.sohu.com/a/325868761_100126387,2019 年 7 月 10 日。

乐画笔、染发效果和360度全景视频，加入AR相机等最新科技应用，以提升视频观感和吸引力。这一时期，抖音的另外一个重大举措是收购北美同类平台musical.ly，为海外拓展奠定了基础。

（3）发展期。从2017年9月26日升级至V1.6.8版本之后，抖音进入发展期。这一时期，抖音一方面挖掘和支持原创音乐人来发布优质资源，如"看见音乐计划"等；另一方面，用户素质的多元性导致频频出现一些低俗恶劣的视频和评论。于是，抖音开始优化其举报和评论功能，上线防沉迷系统，并且邀请各界代表研讨拟定《抖音社会公约》。同时，抖音还发布国际版、日版、韩版等海外版本，吸引大批海外用户，并且开始探索商业化模式，尝试通过原生视频信息流广告和定制站内挑战等方式实现变现。

在广告投放上，抖音也有非常明确的标准：广告内容必须符合抖音的调性，可独立作为短视频内容供用户消费。

在飞速发展的过程中，抖音经历了从打磨产品到积累用户再到最后的厚积薄发的过程，像一匹黑马冲出重围。

## 16.2 抖音的产品和功能介绍

"一刷抖音就停不下来"是很多人玩抖音的体验，也是抖音的成功之处。在抖音App的背后，有很多人在努力工作，目的就是让人上瘾。它是怎么做到的？抖音到底有哪些优势？

### 16.2.1 "美好"的理念符合消费心理

2018年3月19日，抖音宣布"记录美好生活"的计划，摒弃原来"窄众音乐社区"的概念，将战略提升至全民参与的记录平台，让用户认知美好生活，营造更多的幸福感。其短视频15秒的单刀直入，让人们在视觉、听觉、情境的共振里感受美好。这符合人性追求快乐、逃避痛苦的心理需求，让生活压力大的年轻一族在这个平台上找到出口。

记录美好生活计划包括DOU计划、美好挑战计划、社会责任计划三部分。为此,抖音在日常的运营外专门拿出一部分流量来引导用户参与美好生活的正能量传播。

### 16.2.2 内容从以歌舞为主到日益多元化

抖音上的内容各种各样,涵盖歌舞、搞笑、音乐、模仿、特效、生活等。2017年8月以前,抖音上最受欢迎的内容以歌舞和运镜手法为主,内容占比超过50%。2018年以后,抖音站内受欢迎的内容变得多元,涵盖19个大类,其中,音乐、舞蹈、美食、动物、运动、亲子、旅行等内容的占比均在5%左右[1]。

为了解抖音的主要内容,中央电视台发展研究中心联合中国广视索福瑞媒介研究公司,对抖音发布的内容进行实时监测。在2018年4月13日11时45分,CSM选取新登录的抖音客户端,连续翻页观看30条随机被推荐内容。其中,日常生活类8条,占比26.8%;搞笑/恶搞类7条,占比23.3%;音乐舞蹈和商业营销两类各4条,占比均为13.3%;其他生活娱乐类3条,占比10%;明星类2条,占比6.7%;抖音暗号和小哥哥小姐姐类各1条,占比均为3.3%(见图16.1)。

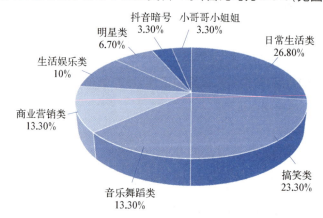

图 16.1　抖音的内容占比[2]

---

[1] 《抖音披露最新用户数据:国内日活超1.5亿 月活超3亿》,太平洋电脑网,https://www.sohu.com/a/235388474_162522,2018年6月12日。
[2] 资料来源:CSM,2018年4月13日11时45分。

内容表达形式上主要有以下几种：

(1) 歌舞。歌舞是抖音早期最常见的内容形式，也是目前最主流的内容之一。曾经风靡一时的拍灰舞、海草舞、《ci 哩 ci 哩》、手势舞、鬼步舞等都深受年轻人喜爱，因唱歌走红的抖音达人数不胜数。

(2) 模仿和搞笑。模仿被看作抖音短视频中的一股中坚力量，大大激发了人们的参与热情，例如火爆一时的张嘉译走路。搞笑类是抖音上最受欢迎的一种内容形式，可以是自创的段子，也可以是各种夸张的表情和舞蹈。

(3) 特效。抖音自身带有一些视频特效，深受年轻用户的喜爱，还有其他一些视频软件，可以制造各种视觉效果。

(4) 品牌。抖音庞大的流量吸引了诸多品牌入驻，使其成为品牌展现窗口。

从发布者构成看，在这些高流量且被推荐的内容中，来源是草根号的共有 25 个，占比 83.3%；明星号 2 个，占比 6.7%；认证/签约自媒体、商家和营销号各 1 个，均占比 3.3%。

不过，抖音的这些内容也在不断变化之中。政务、知识、传统文化、科技、摄影等内容在平台上越来越多，例如最早入驻抖音的官方机构——共青团中央和中国长安网(中央政法委官方网站)拥有超百万粉丝。

### 16.2.3　强社交的内容运营制造黏性

抖音上的全部视频来自 UGC 拍摄，专业性不强，具有强社交性。

首先，普通用户在平台上可以分享自己的生活。抖音的内容多数很有趣，加上时间只有 15 秒，用户很容易参与。有的只是一个亮点就引发关注或获得追捧，比如一个眼神很独特，一个梗很意外，或者一个动作很有趣等。很多人在抖音上分享自己的生活，例如分享化妆技巧、美食、日常生活小技巧等。抖音还带火了现实中的很多场景和元素，如海草舞、搓澡舞、捣蒜舞等。

其次，抖音对其内容有适度的议程设置。基于抖音强大的算法和推荐功能，抖音对其流量池中的内容是有配置的。在同一个议程下，很多视频互相呼应，暗示和诱发用户进行相关的内容生产。例如，用户在上一条视频看到车祸现场，可能下一条又看到另一个车祸现场。很多内容因此具有继承性和连贯性，观众可能一不小心就看了一部"连续剧"。有网友评价："刷一晚上的抖音，你可能经历了生活的起起落落、开心不开心，平淡真实和高潮迭起。"经过设置的内容使用户沉迷其中。

### 16.2.4  潮酷音乐具有魔性

抖音从音乐细分领域切入短视频市场进行产品定位。与以生活记录、趣味段子为主要内容的快手等综合类短视频平台不同，抖音切入音乐垂直领域，用流行音乐搭配酷炫的特技效果，强调的是视频内容与音乐节奏的配合，增强作品整体的渲染力和趣味性。

在音乐背景上，抖音显示出年轻化的特征，主打潮、酷的内容标签。平台提供了 25 种年轻人喜欢的音乐，包括说唱、神曲、综艺、舞蹈、日韩、有趣、浪漫、国风、二次元、经典、影视原声等，满足用户的各种需求。

音乐能够唤起人们的某种情绪，使得一些原来没有那么好看的视频，有了很多不一样的信息。用户可以根据音乐 MV 和自己的理解，通过调节视频拍摄快慢、添加慢镜头、美颜等特效进行二度创作。这使很多音乐具有"魔性"，增加了短视频的观看效果。

### 16.2.5  简单有趣的体验降低拍摄门槛

抖音为年轻人提供系列有特色的拍摄、配乐和辅助小工具，吸引用户踊跃参与。

首先，有效引导使普通用户也能制作出杰出的视频。为了增强用户的参与性，抖音设计了一套有效的引导机制，通过提供音乐和影视小品片段为表演者准备台词，只要跟对节奏和情绪就行。此外，抖音还推出视频模板、教学视频等功能,指导用户拍摄录制,降低技术门槛与拍摄成本。

其次,精致的特效滤镜提升用户的自信。年轻用户爱美也爱显摆。抖音对美颜、滤镜做了非常大的投入和优化,美化拍摄技术,简化创作过程,使视频整体效果看起来更加自然。

再次,先进的技术优化拍摄体验。例如,抖音做了一个随手拍摄按钮,无论怎么动,拍摄按钮都会跟随用户的手。抖音还专门推出辅助拍摄的手机支架气囊,不仅能够大大降低用户在拍摄抖音时的不安全感,而且呈现出很好的视觉效果。此外,AI 被有机地整合进抖音的产品创意。利用 AI 技术,抖音可以做到 3D 渲染、人脸识别,效果更立体、更有层次感。

最后,15 秒的时长带来欲罢不能的感觉。抖音的视频为 15 秒,通常不能完整地呈现一段配乐,视频的内容一般也无法展现完整的故事和情节。因此,抖音的很多视频都会给人一种戛然而止的感觉,很多人会不由自主地多看几遍。

## 16.3 抖音的创新:强中心化的运营模式

抖音的崛起是其平台对内容进行强干预的结果,即中心化运营。简单来说,中心化运营就是平台控制资源配置,主导内容生产并进行流量分配。

### 16.3.1 对明星和"大 V"的强中心化运营

在抖音刚刚进入市场时,就签约了几百名民族舞的大学生,对她们进行培训,提供基本工资,协助她们进行内容生产。与此同时,抖音还引入一批流量网红,通过流量补助来帮她们做推广。2017 年 11 月,今日头条为抖音网红举办庆祝大会,并且宣布将花费 3 亿美元帮助她们增长粉丝、提高收入。那时的目标是在未来一年创造超过 1 000 名拥有百万粉丝的网红。

抖音做这一切的目的,是为了让网红带给用户极致的观看体验,让观看者沉浸其中,无法自拔。结果是,在抖音用户的构成中,达人、"大 V"和明星成为生产主力。占比4.7%的头部生产者,覆盖平台粉丝总量的97.7%。同时,抖音也用明星引流开拓海外市场。例如,在泰国,知名艺人的入驻吸引了无数粉丝。在日本,抖音已经与日本第二大艺人事务所HORIPRO达成合作意向,其旗下艺人也已入驻抖音并发布作品。

这种强干预让抖音将平台流量控制在自己手中。它对达人、"大V"和明星进行明确的流量扶持,大量向用户推送高赞内容。对优质内容的流量倾斜导致明显的马太效应。用户发现,同样是日活跃用户数过亿的平台,抖音的内容更好看,很多视频的点赞数和评论数特别高。这种"计划经济"让抖音成为超级放大器,但是普通用户很难获得流量。

### 16.3.2 对普通人的叠加化推荐算法

除了明星"大V"之外,也有很多普通人的UGC拍摄在一夜之间就火了。这主要由于抖音平台采取机器和人工双重推荐,称作大数据算法的加权。

根据大数据算法和机器推荐,抖音平台上的内容只要确保优质,都有机会曝光。当一条视频初始上传时,平台通常会给出10万多的粉丝和一个流量池,根据用户在这个流量池中粉丝的互动和表现,再判断要不要把这条视频推送给别人。通常推送的标准为"点赞数+评论数+转发数+完播率"(见图16.2)。这样,一些活跃用户最终能够从众多小账号中脱颖而出,获得数百万的推荐,并且精准地达到具有相同属性标签的用户数。抖音平台经过初始推荐、叠加推荐、权重推荐几道程序,让优质的内容一步步地凸显其特征和优越性,从而备受欢迎。举例来说,当平台给一个新视频初始流量后,根据点赞数、评论数、转发数等判断该视频是不是受欢迎。如果第一轮评判为受欢迎,那么平台会进行二次传播。当第二次得到最优反馈,平台就会推荐更大的流量。如果在第一波或者第N波反应不好,就不再推荐。在这种机制下,更健康、更垂直且互动性更高的内容获得的叠加推荐越多,成为爆款的可能越大。很多网友所发的视频一夜爆红,就是来自叠加推荐。

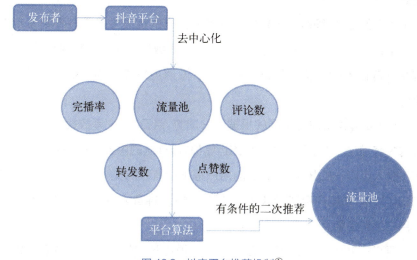

图 16.2　抖音平台推荐机制①

## 16.4　抖音的运营启示：同质化内容多，监管有难度

从本质上来说，抖音是一个以音乐视频内容来进行社交的平台。它牺牲了内容的精品性来换取内容的高频互动，加上极低的准入门槛、丰富的用户体验和不断叠加的推荐算法，吸引了越来越多的用户沉迷其中。但是，曾经沉迷抖音的用户也开始逐渐产生审美疲劳，抖音对用户的吸引已经快要触及天花板。随着内容梯队重复、形式逐渐饱和，创新难度增加，用户素质良莠不齐，抖音在内容监管、用户结构、网络伦理、虚拟与现实社交的平衡等方面的问题逐渐暴露。

### 16.4.1　智能算法和叠加算法推送导致同质化内容过多

短视频是一个典型的双边平台：一边是消费者，一边是生产者。抖音极

---

① 《抖音推荐机制，掌握这些你也可以成为网红!》，百家号"人人都爱学运营"，2018 年 12 月 20 日。

度重视消费者体验,它在生产端走了捷径——买下大量的优质作者来驱动整个社区的生产,同时给予定向流量倾斜。它的优质生产者并不是从底部自然生长出来的,而是靠资源来保障的。靠少数达人和红人提供优质资源,创意总有枯竭的一天。因此,抖音虽然短期内爆发力强,生态上却比较脆弱。

抖音的智能算法虽然能够根据用户浏览、点赞、评论等数据综合分析来推送内容,但是,由于其强中心化的运营模式,推送的内容严重同质化。虽然有不少人可以一夜爆红,但更多的用户得不到有效的支持,降低了这些用户的创作热情,加剧内容的同质化和匮乏。如今,抖音大量的重复性内容已经让用户感到疲惫。

真正的良性循环是,用户自己生产优质内容,有不断上传内容的欲望。为了达到这个目标,抖音需要扩展其用户范围,让更多的普通人有表达的机会。抖音正在试图改变自己的调性,更加强调用户在平台上的故事和感情,以此来吸引更多草根上传内容。此外,抖音也将改变自己高度中心化的模式,向垂直化模式过渡,在垂直领域打造"大V",直到构建出属于自己领域的MCN和商业模式。这样才能真正促使抖音二次崛起。

## 16.4.2 内容混杂、用户结构复杂化进一步挑战监管难度

抖音是以 UGC 为内容来源的传播平台,用户结构复杂,病毒式传播难以监管。随着抖音流量和曝光度的剧增,不法分子乘虚而入,虚假、夸张、低俗、暴力等有害内容夹杂其中。抖音虽然有举报功能,但是,网络的虚拟性、入口的多样性和内容的娱乐性增加了内容的监管难度。本来就是运营接地气的大众化内容,触及政府监管的红线会导致自身关停整改,无法满足用户对内容的创新性和娱乐性的需求又会造成用户流失,给监管带来巨大挑战。

另外,抖音的算法虽然好,但不具备价值观和导向作用,它只会根据大众所产生的数据,按照既定方向来推荐它所认为的用户喜欢的内容。

在没有价值观引导的情况下,在抖音发布的内容如何具备正能量,也是一个巨大考验。

因此,正如我们在第 15 章中分析的,未来,算法推荐必须要与人工干预相结合,才能推给用户优质和受欢迎的内容。

## >>> 17 快手：普通人的记录和分享平台

快手短视频社交平台于 2013 年 7 月正式上线。2018 年年初，快手成为继微信、QQ、微博之后的第四大社交平台，是短视频领域唯一入榜 App。截至 2019 年 6 月，快手日活跃用户数突破 2 亿，月活跃用户数突破 4 亿，原创视频库存数量超过 130 亿[1]。

快手和抖音一直被互认为是竞争对手。快手的去中心化运营和抖音的中心化运营是迥然相异的两种运营方式，两者各行其是，打造了属于自己的用户阵营。2018 年年初，快手的日活跃用户数是抖音的三倍多（见表 17.1），然而抖音从 2018 年春节以后奋起直追，日活跃用户数一路飙升到 3 亿，并且持续占据中国 App Store 下载量榜首。2019 年，为与抖音抗衡，快手总监宿华表示，快手将变革组织、优化结构、迭代产品，争取在 2020 年春节之前日活跃用户数达到 3 亿，最新估值为 30 亿美元[2]。

---

[1] 《2019 快手内容生态报告发布：很多数据颠覆印象》，百家号"北京星传广告"，https://baijiahao.baidu.com/s? id = 1644988818358375364&wfr = spider&for = pc，2019 年 9 月 18 日。
[2] 资料来源：2018 年 6 月中央电视台发展研究中心对宿华的访谈。

表 17.1　2018 年春节期间短视频领域日活跃用户数(DAU)排名[①]

| App 名称 | 春节 DAU（万） | 2 月 DAU 均值（万） | 春节 DAU 增长率 |
|---|---|---|---|
| 快　手 | 11 664.5 | 11 391.5 | 2.40% |
| 火山小视频 | 3 899.2 | 3 692.8 | 5.59% |
| 西瓜视频 | 3 624.1 | 3 655.4 | −0.86% |
| 抖音短视频 | 3 496.0 | 3 252.9 | 7.47% |
| 微　视 | 545.5 | 117.9 | 362.68% |

## 17.1　快手的发展历史

快手是北京快手科技有限公司旗下的产品,前身叫"GIF 快手",诞生于 2011 年 3 月,最初是一款用来制作、分享 GIF 图片的手机应用。2012 年 11 月,快手从纯粹的工具应用转型为短视频社区,用于用户记录和分享生活。随着智能手机的普及和移动流量成本的下降,快手在 2015 年以后迎来市场。

快手的发展大致可以分为四个阶段。

### 17.1.1　第一阶段：做聚合平台

聚合平台是快手发展的基本逻辑。2011 年快手刚成立时就下决心打造聚合平台。早期,它做成了 GIF 动图聚合平台(见图 17.1);之后,为了适应移动端的聚合,又开始在手机端制作 GIF 图片,使有趣的动图在微博上传播起来。2013 年视频出现伊始,快手上的视频仅有三种形态——美女自拍、小孩和宠物,用户很容易感到厌烦。考虑到内容的可发展性以及公司在管理和团队建设方面存在的问题,在发展一段时间以后,快手决定转型。

---

[①]　资料来源：极光大数据。

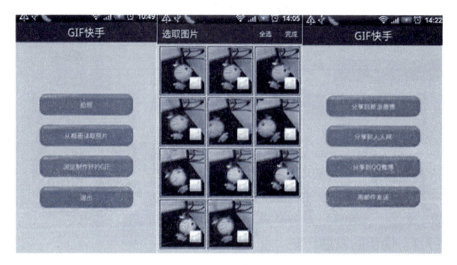

图 17.1 快手的前身"GIF 快手"

## 17.1.2 第二阶段：打造 UGC 社区

早期快手所有的 GIF 内容都是在微博上传播的，没有自己的流量和平台。从 2012 年开始，快手提出做自己的 UGC 社区。

快手总监宿华信奉去中心化的理念，认为一款新媒体产品应该能够记录底层民众的生活，满足大多数用户的需求。加上他本人是技术出身，希望能够将推荐算法应用到内容分发商，提升用户体验。基于这一理念，在这一阶段，快手的流量剧增，用户增长 10 倍以上，达到百万日活跃用户数；后来用户涨到百倍以上，超出所有人的想象。

## 17.1.3 第三阶段：商业化拓展

宿华曾经说过："快手其实是一个慢公司，创业 7 年了，在第 6 年的时候才广为人知。"由于宿华个人的性格原因以及快手的低调和慢动作，"佛系"的快手似乎尽量强调不要打扰用户。虽然快手在 2016 年年底曾提出过一个大规模的商业化计划，但直到 2018 年 10 月底，随着营销平台的正式推出，快手的商业化才真正开始推进。

商业化的第一个动作是广告。由于考虑用户体验,直到 2018 年年初,快手上只有 10% 的用户能看到广告。2018 年年底以后,这个比例提升到 60%。除广告之外,快手在电商上也开始了尝试。它的产品机制决定了自身沉淀的用户关系更适合电商变现。例如,整个 2018 年,快手直播收入超过 200 亿元;"双 11"期间,快手主播"散打哥"一天带货达 1.6 亿元。2019 年以来,快手加快了电商步伐,垂直领域的达人明显增多。

### 17.1.4 第四阶段:加强公司管理

在互联网红利逐渐消退的情况下,快手单凭一款产品很难在固有的流量池达到更高增长,全公司的力量也无法完全释放出来。这是导致快手组织松散、变成慢公司的重要原因。加上抖音的奋起直追和后发制人,2019 年年初,快手意识到公司层面的问题并开始采取行动,将"追求极致"定为公司文化。

2019 年年初,快手开始实行 OKR(objectives and key results,目标与关键成果法)考核制度;3 月,发布员工职级体系,改进人才管理方式。进入 2019 年后,快手在越来越多的领域尝试突破。例如,将 3 亿日活跃用户数定为阶段性小目标,以此激发 8 000 多名员工的活力等。

## 17.2 平权观念下的快手产品

快手的成功与它去中心化的思路密不可分。这其中,公司领导人宿华的"平权观念"功不可没,影响到快手产品的方方面面。

### 17.2.1 战略定位:为普通人打造的生活记录和分享平台

过去,整个世界的认知及传播掌握在少数精英群体手中,现在,科技进步让最底层的大众也能留下生活的记录,这就是快手的初衷。因此,快手不像抖音那样去强推一些"大 V",也不挖头部和粉丝,而是更多鼓励 UGC 的自由上传,让更多的底层人群获得关注。这种"平权"价值观正是打动用户的地方。

快手上也有一些"大 V",但这些"大 V"以"土味"著称。他们大多从快手的普通用户成长而来。例如,爱好制造各种稀奇古怪发明的"手工耿"曾是一名普通焊工,如今在快手上已有 350 万粉丝等着看他的视频。

快手的定位是"记录和分享生活",所以它将记录功能放在第一位。宿华解释,快手的本质跟相册一样,只是为了记录和保存普通百姓的生活。也许几百年之后,它会成为一个记录博物馆,让每一个人通过快手读懂中国,也能够看到今天的时代影像。这是这个平台留给人们的最大的财富。为了达成这个使命,快手尽力扩大带宽,简化拍摄和上传功能,"用科技提升每一个人的幸福感"①。

### 17.2.2 用户策略:尽可能地激发底层人群

快手用户有几个特点:收入水平低;大多数来自三、四线城市;年龄小,学历也不高。快手的主要用户群是中学生、大学生、社会青年和打工青年,这些人口占中国年轻人口的大多数,而这些市场恰恰是各互联网平台容易忽视的空白领域。快手正是因为迎合了"沉默的大多数"的心理,为底层人群提供了发声和展示自己的舞台,得以在基数庞大的乡村人群中崛起。

为了激发普通用户大量上传内容,快手设置了非常低的使用门槛,让尽可能多的用户轻易拍摄和上传视频。

(1) 用户体验简单,使用门槛低。快手的平台可以用 8 个字来概括:简单、好用、真实、有趣。用户可以随时随手拍摄分享,几乎不被干扰,也不会被贴上标签。快手提供了很多特效供用户使用,例如可检测用户拍摄的场景的类别并据此选择最为合适的滤镜效果来提升视频质量。通过人体关键点识

---

① 资料来源:2018 年 6 月中央电视台发展研究中心对快手的调研。

别技术，为用户的肢体加上特效，例如可以让虚拟火球跟随人手的位置来进行运动等。还有魔法表情、整体姿态检测、人脸装饰贴纸等基于 AI 技术的特效，让用户的记录形式更加丰富多彩。

（2）营造良好的社区氛围，增强用户互动性。为提升互动性，营造良好的社区氛围，快手打造了一套非常好的内容激励机制。例如，快手 App 页面没有设置明显的快手风格，实际上是让用户感觉这是属于自己的活动场所，可以尽情发挥。快手认为，如果一个平台设置固定的 Logo，可能会削弱用户的参与感。在这些互动性措施的营造下，虽然它的 Top30 短视频的播放量不如抖音高，但用户的互动和留言是抖音的 2.5 倍。

（3）扶持内容生产者策略清晰。用户精心制作的短视频，在快手平台上可以不断积累粉丝，从而通过广告实现变现。这套成长线帮助了许多内容生产者，他们可以通过视频的不断引导，牢牢把握内容消费者，创造实实在在的收益。

### 17.2.3　主要内容：全部来自 UGC 上传

据快手介绍，其平台上每天平均有超过 800 万用户上传超过 1 000 万条视频，几乎全部来自老百姓自己讲述的故事。快手对上传视频不剪辑、不加工、不美化。他们认为，如果把一条视频做得太过精美，会让普通人觉得无法企及、不接地气，反而会降低大家上传视频的积极性。

快手的 UGC 主要有四个板块。

（1）"快手小剧场"。这个板块主要收录用户上传的各种短剧。截至 2019 年 9 月，所收录的短剧已经累计达 2 583 小时，相当于 1 722 部电影的长度，累计观剧人数高达 1.1 亿[①]。

（2）政务号。快手上有超过 6 000 家政府机构入驻，内容播放总量达 1 408 亿，互动点赞量达 68 亿。热门视频包括共青团中央、中国军网、人民政

---

① 《快手 2019 内容生态报告发布：从 12 个内容纵切面看见每一种生活》，新华网，http://www.xinhuanet.com/tech/2019-09/16/c_1125001001.htm，2019 年 9 月 16 日。

协网、中国火箭军、中国法院网、中国警察网、中科院之声等机构上传的短视频，其中，中国长安网因其短视频制作精良、播放量高而成为政务号网红。

（3）媒体号。快手上有超过2 000家媒体机构入驻，累计点赞量超过20亿，单条视频最高点击量超过1亿。媒体号的热门直播视频包括《人民日报》、新华社、腾讯新闻、人民网、央视新闻调查、环球网等媒体制作的视频，例如《新闻联播》短视频在快手上的直播观看人数已超过10万。

（4）MCN。超过1 000家MCN机构携多达6 000多个细分领域账号入驻快手。在快手的运营扶持和商业化变现的支持下，他们产出的短视频累计播放量达2 000亿，用户送来的双击超过60亿。在他们产出的视频中，平均每30次播放就有1次双击。

由于全部视频来自UGC上传，快手高度重视内容审核。2018年10月以前，在快手5 000多人的团队中，审核团队就有3 000多人；2019年，快手总人数增加到9 000多人，其中，审核团队人数增加到5 000人。

## 17.2.4 技术策略：在视频搜索方面居于领先地位

快手是国内第一家能够让老百姓上传视频的平台，有自己的技术门槛和社区门槛。快手认为，不同于今日头条擅长图文搜索，他们的优势在于领先的视频搜索技术。

快手搭建了数据与人工智能团队。团队通过一个模型来预估内容与用户之间的匹配程度。其算法技术有两个特点。一是不做任何资源的倾斜，不像大部分社交平台强推"大V"，而是完全依靠算法帮助用户实现分享。因此，没有人群和地域歧视，人人都能够获得推荐。二是该算法并非纯粹从内容出发，还包括基于用户的行为数据。在快手社区里，每天都有上亿人在进行标注，他们的点赞行为、关注行为、转发行为、播放时长、相互关系等都可以形成数据，帮助平台更好地理解用户。

AI驱动也是快手快速崛起的核心原因之一。快手的库存有50亿条短视频，这为机器算法的不断进步和AI应用提供了基础。快手所持有的人工智能技术主要应用于四个方面：视频生产、视频理解、用户理解和视频分发。快手针对两个问题——海量视频内容处理和用户需求识别提出了一套基于 AI 的技术解决方案。

## 17.3 快手的创新：去中心化的运营模式

在内容运营上，快手走了一条与抖音完全不同的道路——去中心化运营。去中心化就像市场经济，去中心化平台的内容和流量都是由市场竞争决定的，平台不做任何干预和引导。这也是快手能够获得大量平民用户且内容持续增长的原因。

在内容生产方面，快手提倡"惠普"的价值观——让普通人记录生活，人人上传视频，极大地降低了短视频的生产门槛。只要不违反法规政策，快手对用户上传的视频基本不做干预，而是负责制定和执行社区的规则。快手不着力捧红任何"大 V"，也不通过平台去干预和打扰用户，而是由市场需求和价格引导内容的生产。这样一来，快手的内容更加多元真实，用户的生产积极性比较高。

快手近乎固执地坚持"惠普"理念，在流量分发上讲究公平，即便是普通用户和一般作品也要公平地给予一定的展示量。这与抖音的"叠加算法"截然不同。通常，快手会通过算法，对粉丝超过 100 万的用户，降低其作品在推荐页上的曝光权重。其逻辑是，当这些人获得超过 100 万的粉丝后，已经获得了足够多的流量，再推送他们就会让强者更强，有违社区公平。由此看来，快手更加重视对长尾作品和长尾用户的分发与连接。

快手更加重视生产者的体验。一方面，快手希望每一个人都能够通过其平台分享和记录自己的生活；另一方面，培育大量的底部生产者，从中筛选出优质作者。根据快手提供的数据，用户从注册起，正常情况下平均 800 多天可以积累到 100 万粉丝。无论是谁，只要坚持上传视频，粉丝总会逐步积累、由少到多。迄今为止，快手已经聚集了巨大的底部用户、数量众多的腰部用户和少数的头部用户。从底部用户成长为腰部用户,再成长为头部用户的过程,就是一个优胜劣汰的市场过程。

有意思的是,快手并不希望其头部用户成长过快。他们认为,这样会让底部用户缺乏信心,损害其成长机制。这种用户积淀和成长机制需要时间积累,因此,从底部逐渐成长起来的用户对平台也有很强的忠诚度。快手的运营和商业化运作不如抖音强悍,但其市场机制却不断激励用户持续创作,公平地为每一个普通人留出一条成长道路。

快手定下了不给用户贴标签、不打扰用户、让平台自然生长的原则;没有人工的内容编辑,没有明星导向,不捧红人,不刻意培养 KOL,不和网红捆绑签约;不设置热点人物榜、热点话题榜、热点事件榜等便于炒作的榜单,一切都依赖机器算法和市场竞争来完成。宿华反复强调:"平台不想评判内容,告诉用户你应该去看这个或者去看那个。去中心化的逻辑意味着每个内容和每个人都是平等的,无需平台去给它贴标签,因为内容本身和 AI 算法会自动提供选择。"

## 17.4  快手的创新评价:构建从去中心化到再中心化的内容生态

去中心化思想创造了快手平台,既有优势,也有劣势。

### 17.4.1  内容、流量和用户都相对稳定

大批用户登录之后,快速释放生产力,可以积极有效地生产和上传内容。快手在成长初期就是借助这种突然被释放的内容生产力获得了大批点击量。与 PGC 相比,UGC 模式有两点优势。

第一,内容生态丰富而稳定。基于庞大的用户基数,快手已经构建了一个丰富多元的去中心化的内容生态圈,底层用户持续不断地生产内容,并且内容重复率低。

第二,用户对平台本身的黏性高。去中心化模式下的用户社交多基于自

身的真实状态,出自对自身存在感的获取,强化了身份认同和群体认同,因此,用户留存表现优秀。

但去中心化的劣势在于,用户多来自三、四线城市的底层,发布内容中有大量乡村文化和农村生活景象。因此,快手被贴上"土"和"Low"的标签。而且,底层用户制作视频的专业性不足,质量难以保障。加上快手的不干预态度,导致平台更容易聚集低年龄、低学历的用户和低门槛的内容。

### 17.4.2 去中心化到再中心化是发展趋势

中心化和去中心化孰优孰劣?似乎没有明确的说法。它们各有各的成功路径。抖音采用中心化的运营手段,挖掘 KOL 和明星入驻,精心编排优质内容,强势吸引目标用户,实现用户爆发式增长。快手不紧不慢地依靠大量底层用户带来持续生产且后劲十足,也显示出存在价值。

有学者提出,去中心化到一定地步,可能需要一个再中心化的过程[1]。再中心化是互联网信息传播中心与话语权中心重新聚集并移动的过程,能解决传播的内容和效率问题。一方面,使内容生产质量得到提升;另一方面,基于信任体系构建信息高效匹配。再中心化传播模式中,信源凭借专业的生产能力不断制作出优质内容,再根据用户的需要,帮助消费者以最低的时间成本和经济成本找到最有价值的信息,可以说结合了中心化和去中心化的各自优势。

例如,MCN 就是一种继 UGC、PGC、PUGC 模式之后的再中心化模式。它通过资源整合和对市场的深刻理解,集结短视频内容制作方,为市场提供内容制作、用户拓展、版权问题、商业变现等专业化的管理和服务,反过来促进内容制作方根据市场需求制作出更多的优质内容。因此,有学者认为,MCN 是未来短视频生产的典型模式。

---

[1] 栾春晖:《从去中心化传播到再中心化传播》,《青年记者》2015 年 10 月(下)。

# 18 喜马拉雅：中国第一音频平台[①]

喜马拉雅创办于 2012 年 8 月。2013 年，App 上线。有四个数字展现了喜马拉雅突飞猛进的发展——激活用户 6 亿，超过 700 万主播，行业占有率 73%，活跃用户日均收听时长 170 分钟[②]。如果把喜马拉雅比作广播电台，其用户体量已经超过全国广播电台的总和。

数据表明，在移动互联网下半场，音频将占据用户四分之一的时间。喜马拉雅开辟了中国移动音频的"蓝海"，已当之无愧地成为中国第一音频平台，形成"内容生产＋内容变现＋场景分发"的新生活音频产业生态。

## 18.1 喜马拉雅发展简史

喜马拉雅由连环创业者余建军创立。他在 2012 年开始将注意力转移到移动音频领域。他无意中发现人们在上班路上、做家务的时候，希望可以收

---

[①] 本章内容资料部分来自 2017 年 10 月中央电视台发展研究中心对喜马拉雅的调研。
[②]《喜马拉雅阐释营销新主张：入耳，更入心》，中国消费网，http://www.ccn.com.cn/html/wangluojiaolian/wangluo/2019/1018/476230.html，2019 年 10 月 18 日。

听一些有趣的读物,从而萌生了做音频增量市场的念头。

"世界上最长的河是亚马逊河,后来亚马逊成为世界上最大的电商网站;世界上最大的宝藏发现者是阿里巴巴,后来阿里巴巴成为中国最大的电商平台;那么,世界上最高的山脉喜马拉雅将成为什么?"这个文案让余建军和合伙人怦然心动,为音频平台定下"喜马拉雅"这个名称,也从域名注册者手中买下"ximalaya"这个域名。

从诞生开始,喜马拉雅就定位做一个"音频淘宝",希望在未来能够成为一个有声的自媒体平台。余建军在喜马拉雅创办之初提出了一些愿景:"我们希望声音像水和电一样,更加流通和便利,随需随取,自由地流通在每一位听众的耳朵和心里。"[1]

喜马拉雅的发展被规划为三个阶段。

第一阶段:得内容就是得天下。喜马拉雅参考视频版权,尽可能把当时市面上所有关于音频的版权和可以变成音频的内容全部购买下来。同时,与大品牌合作,例如与阅文集团(腾讯文学与盛大文学整合而成)合作,抢占音频市场地盘,建立第一道"护城河"。

第二阶段:打造音频生态。其生态建设包括三个方面:上游是内容生产——喜马拉雅整合相关自媒体人、媒体机构和品牌机构来生产内容。中游是搭建平台及内容变现——通过喜马拉雅平台分享内容到下游,帮助内容实现变现。喜马拉雅已经与国内近 2 000 个平台有合作,包括小米、阿里巴巴、百度、亚马逊、飞利浦、华为、海尔、联想、美的等平台。下游是喜马拉雅的场景化分发(主要是车上、路上、床上三个场景)。把这三个方面的内容做好以后,生态就运转起来了。

第三阶段:人工智能阶段。这是喜马拉雅 FM 憧憬的未来更大的战场——人机交互。如果要通过语音来实现人机交互,在人工智能方面除了技

---

[1] 《重新"发明"电台的男人:他用声音赚到数十亿,要做声音的淘宝》,百家号"大话华商",https://baijiahao.baidu.com/s? id = 1605398859658904965&wfr = spider&for = pc,2018 年 7 月 8 日。

术之外,更加核心的是需要一些素材和语料,而喜马拉雅正是语言和语料的富矿。2017年,喜马拉雅制作出国内第一个全内容的智能音箱——小雅。它可以根据用户的收听体验不断打磨更新,逐渐在各种场景下实现与人的交互,例如向电视机、门、床和台灯发号指令,为用户的各种需求提供入口和出口①。

有了这些规划和构想,喜马拉雅的用户数滚雪球似的增长:2013年为1 000万;2014年6月突破5 000万;2018年年初,激活的用户数高达4.5亿,行业占有率达73%,活跃用户日均收听时长为128分钟,拥有500万主播(其中有20万V主播);2019年10月,喜马拉雅宣称其用户数突破6亿大关,活跃用户日均收听时间超过170分钟,成为当之无愧的行业第一②。

截至2018年12月,喜马拉雅拥有全球最大的声音宝库——约有共6 000万条声音。平台每天上传10万条声音,囊括资讯、情感、儿童、音乐、广播剧、电台、培训讲座、有声小说、戏曲、外语、商业财经等20个大类、328个小类③。这些内容来源主要有两个方面。

一是各行业大咖开设的垂直内容电台。20万自媒体大咖已经入驻喜马拉雅。包括:罗振宇、十点读书、Ayawawa、樊登读书会、王长胜、徐静波、深夜食堂、单向空间等"大V";5 000多名行业精英,如秦朔、吴晓波、马东、冯仑、徐小明、郑渊洁等;500多名明星,如古巨基、陶喆、邹市明、王珞丹、郭德纲、李小璐、胡歌等。

二是千家媒体入驻,构建生态内容矩阵。包括:200多家著名媒体,如澎湃新闻、新浪新闻、网易轻松一刻、36氪和虎嗅、《三联生活周刊》、界面新闻、ELLEMAN、名车志、今日头条、东方财富、第一财经等;800多家机构,如飞碟

---

① 关苏哲:《探索喜马拉雅FM千亿级知识付费平台的PUGC生态模式》,转引自简书,https://www.jianshu.com/p/b9d5a6ad57c5,2017年7月28日。
② 顾立:《喜马拉雅用户破6亿 活跃用户日均收听时间超170分钟》,上游新闻,2019年10月18日。
③ 《喜马拉雅FM:音频潮流才刚刚开始》,搜狐号"猎豹全球智库",https://www.sohu.com/a/217557160_410407,2018年1月18日。

说、网易公开课、万合天宜、单向街、湖畔大学、雪球、挖财等；1 000多家广播台，包括央广、上海动感101、上海第一财经频率、浙江之声、江苏交通广播、龙广新闻台、广东新闻频道等。

音频是一个被远远低估的行业。喜马拉雅的实践证明，音频的真正价值才刚刚开启。

## 18.2 喜马拉雅的主要产品

喜马拉雅上比较成熟的音频产品类型主要有知识付费、音频直播、有声书、移动电台等，最能够显示其特点的是前三者。

### 18.2.1 知识付费

喜马拉雅与分答、得到、知乎一起，是国内第一批开发知识付费的平台。2016年5月，马东的《奇葩说》团队正式登录喜马拉雅平台，上线付费音频节目《好好说话》。以此为起点，喜马拉雅FM正式进军付费知识领域。同一天，喜马拉雅FM的首个"付费精品"专区正式上线。

2016年6月6日，《好好说话》上线首日，限时售价198元/年的节目在一天内共计售出25 731套，销售额突破500万元。在《好好说话》上线之后，吴晓波、乐嘉、陈志武等名人陆续参与喜马拉雅FM的音频录制。2018年，喜马拉雅FM一次性释放近20个超级IP，包括郭德纲、王耀庆、杨澜、姚明、郝景芳、梁冬、蒙曼等众多大咖。喜马拉雅每年有关知识付费的收入超4亿元，引领知识付费的潮流。

### 18.2.2 音频直播

喜马拉雅建立了主播服务体系，让草根实现成为大咖的梦想。在UGC模式的内容框架下，喜马拉雅FM依靠平台和渠道的建设，聚集超过400万名草根主播。这些主播是平台的受众，也是内容生产者。由于草根主播的内容质量难以保障,喜马拉雅FM开设认证制度,选出8万名认证主播进入喜马拉雅大学,进行包括播音技巧、内容生产、传播策略等方面的全方位培训,将其打造成平台自身培养的专业用户。不少主播已经通过这个平台传播自己的内容,还实现"自媒体电商+活动收益"。例如,曾作为辽宁铁岭民间艺术团二人转演员的李波,将自己创造的女子爆笑娱乐脱口秀搬上喜马拉雅舞台,起名为"波波有理",成为全国女性脱口秀第一人。"波波有理"总播放量破亿,而且每天都能新增上万名粉丝。又如,窦超原为4S店销售总监,他在喜马拉雅上开创的"百车全说",以汽车脱口秀的垂直内容成为全球华语播客巅峰榜黑马奖得主。再如,计算机专业的普通大学生"有声的紫襟",在喜马拉雅上传超过50本有声小说,获得200多万粉丝和超5亿次在线播放。

2018年,喜马拉雅发布"万人十亿新声计划",宣布将在2019年一年内投入三个十亿元基金,从资金、流量和创业孵化三个层面全面扶植音频内容创业者,竭力帮助创作者变现。具体目标是孵化出一万个收入破万元的创作者,其中,收入破百万元的不低于100人。在"万人十亿新声计划"中,仅2019年1月至9月,主播们从平台上已经获得11.5亿元的现金扶持。喜马拉雅平台上已经有上千万名主播入驻,年薪收入稳定过十万元的主播达到千名,收入过百万元的主播就有200位,更有年收入过千万元的人气大主播。

从2019年开始,音频直播行业欣欣向荣,随着头部玩家网易云音乐加入战局,整体呈井喷发展态势。直播竞争下半场中,音频直播的内容和形式呈现出多元化探索的特征,与公益、电商、医疗、体育、综艺、教育等领域的融合更加深入,进一步扩展变现渠道。

### 18.2.3 有声书

有声书是一种个人或多人依据文稿并借不同的声音表情和录音格式所录制的作品。常见的有声书载体有录音带、CD、数位档(如MP3)。

有声书依靠讲者的声音而存在。讲者是听者和文稿的媒介,讲者的声音具有吸引听者、使听者着迷的特质。有声书的内容可以是朗读、广播剧或专题报道等。市场上的有声书内容主要由两部分构成——出版精品和网络文学。

根据艾媒咨询的数据,2018 年,中国有声书市场规模达 46.3 亿元,年均复合增长率达到 36.4%,有声书用户约占中国网民数量的 48%,市场前景巨大。喜马拉雅 FM 是最早入局移动有声书领域的平台。在喜马拉雅 FM 综合平台上,有声书是其最重要的业务板块之一,为平台贡献超过一半的流量,收听时长占比超过 60%,月活跃用户数过千万[①]。

喜马拉雅上的有声书用户中,男性约占 52.9%,略高于女性的 47.1%;年龄在 24 岁以下的用户占 34.3%,年龄在 25—30 岁的用户占 29.1%。总体而言,有声书用户偏年轻化。

## 18.3 喜马拉雅与知识付费

知识付费并不是喜马拉雅首创,但喜马拉雅却凭借自己的平台做成了知识付费的领军企业。

### 18.3.1 在线知识付费的发展现状

2018 年艾瑞咨询报告显示,我国在线知识付费经历了一个由热度积累到知识变现、产品打磨再到营造生态的阶段(见图 18.1),仍有很大的发展空间。

图 18.1　2018 年中国在线知识付费产业发展阶段分析——内容方[②]

---

① 资料来源:2018 年 12 月中央电视台发展研究中心对喜马拉雅的调研。
② 资料来源:艾瑞咨询:《2018 年中国在线知识付费市场研究报告》,2018 年 3 月 28 日。

以在线视频行业为例,图 18.2 显示了 2011—2019 年中国在线视频用户付费市场规模。

图 18.2　2011—2019 年中国在线视频用户付费市场规模①

知识付费的用户群体主要为学生、白领和一般职员。他们的普遍特点是工作年限不长,对学习的热情和积极性高。央视市场研究股份有限公司(CTR)《2019 年大学生媒介与消费趋势研究》显示,男生是网络视频付费的重度用户,占总体人群的 47.9%;男生群体产生付费行为的比例达到 84.9%。人们之所以愿意为知识进行付费,是因为"用户比以往更强烈地渴望有品质的服务和有质量的信息,也愿意彼此间能交换有价值、有目的的信息,即便需要投入一定的费用,但时间成本得到了极大的节约"②。

### 18.3.2　喜马拉雅知识付费的发展

在正式进军知识付费领域初期,喜马拉雅曾有过动摇,并不知道用音频来做知识付费效果如何。实践证明,音频确实是知识付费的优良载体。

以 2016 年 6 月上线的付费音频节目《好好说话》为起点,喜马拉雅 FM 正式进军知识付费领域。2016 年 6 月,马东的《奇葩说》团队开设了一档音频节

---

① 资料来源:艾瑞咨询:《2018 年中国在线知识付费市场研究报告》,2018 年 3 月 28 日。
② 左琳:《这次轮到"知识付费"焦虑了?》,《中国报道》2019 年第 7 期。

目《好好说话》,率先试水,每天将6—8分钟音频发布到喜马拉雅平台上。这档节目全年定价198元。上线24小时后,即卖出2.5万套,销售额突破500万元;10天后,销售额超过1 000万元。随后,广东卫视的《财经郎眼》、罗振宇的《罗辑思维》、高晓松的《晓说》等大品牌栏目纷纷入驻喜马拉雅,开始知识付费的探索。

在三年多的时间里,在知识付费这一赛道上,喜马拉雅快速发展。各行业精英纷纷依靠自身优势入驻,开设付费精品内容。例如,马云的《湖畔三板斧》、吴晓波的《每天听见吴晓波》、黄健翔的《黄健翔讲足球》等,都在各自领域发力,汇聚人气。其中,上海音乐学院田艺苗教授的《古典音乐很难吗》把古典音乐变成大众文化消费品,不到一个月收入已超过200万元;乐嘉的《乐嘉性格色彩·读心术》作为乐嘉的首档性格色彩音频节目,首周销售破100万。由喜马拉雅投资孵化并占有一定股份的樊登读书会,每月营收已经达到1 500万元,估值达15亿元。

截至2018年6月,喜马拉雅上已汇聚2 000多位知识网红和超过1万节付费课程。越来越多的行业专家制作内容独具吸引力的明星课程,成为年轻人最受欢迎的付费内容之一。

为了做好知识付费,喜马拉雅在五个方面加大投入。

(1) 加大版权资源投入。为了维持内容上的优势,喜马拉雅FM在版权上投入了大量资源。2015年7月,喜马拉雅FM与腾讯旗下的阅文集团签署版权合作协议,获得阅文集团大量版权作品的有声改编权。喜马拉雅FM还与国内9家一线图书公司签订独家内容合作协议,与大量知名自媒体人或公司签署排他协议,例如,郭德纲、罗辑思维等知名IP所生产的音频内容,只能在喜马拉雅FM一家平台上收听。此外,喜马拉雅还挖掘平台上有潜力的草根主播,与他们签约并进行包装。为保证内容的合法性,喜马拉雅FM买下大量相对独家的版权内容,让平台主播们可以自行挑选喜欢的书籍,贡献自己的好声音。

(2) 为主播和用户提供优质的全方位服务。"你搞定声音,我们搞定其他一切"是喜马拉雅的口号。余建军表示,只要主播们安心做好节目,其他环节,如各类推广、数据分析、收听率追踪、广告支持、资金支持等事情都由平台来搞定。平台为主播提供方便的工具,主播只需通过手机就可以直接录制内容进行上传。平台还会通过收听完播率的数据分析,判断何种节目更受欢迎,帮助主播进行内容微调。值得一提的是,平台设有一个喜马拉雅文化基金"声音工场",专门拿出1亿元资金投资创业者。喜马拉雅希望能够打造一个全方位完整链条的服务系统,以吸纳、培育更多的优秀主播,开发、研制更多的优质内容。

对于用户来说,平台不仅要深耕专业内容,还要提供对内容的深度吸收场景,为用户建立强社群关系,以维护完整的知识付费体系。据了解,喜马拉雅平台现已拥有平台社群、音频直播、问答互动等功能,能随时支持用户退款,为用户提供知识付费的完整服务。

(3) 大数据支撑的用户推送。喜马拉雅FM是音频行业内最早启用大数据技术的公司之一,早在2015年就推出"猜你喜欢"等个性化推送服务。用户的每一次点击和搜索以及其他各种行为,都会被平台记录下来沉淀为数据,然后平台再基于年龄、性别、地域、职业等维度建立用户兴趣图谱。这一技术使用户黏性大幅提升。

(4) 内容进一步垂直发展。随着需求的细化,平台内各个垂直领域的知识网红不断涌现。在喜马拉雅FM上,连奢侈品、红酒这种小众需求也逐渐受到欢迎。随着用户整体规模的扩大,内容的需求将日渐多样化,垂直细分领域的课程拥有更多想象空间。

(5) 打造一系列线下活动,促进线下消费。最具影响力的线下活动是2018年打造的"123知识狂欢节",这是喜马拉雅FM为号召全民重视知识的价值,定于每年12月3日发起的国内首个内容消费节。在这次消费节中,喜马拉雅推出"打卡免单"限时抢购会员和专辑、VIP会员买1得2、五折有声书、特色主题馆等活动,吸引超过2 000万用户,消费总额超过4亿元。

## 18.4 喜马拉雅的创新价值：开辟用户时间消费"蓝海"，PUGC 模式具有可持续发展力

喜马拉雅在短短几年内成为中国第一音频平台，对中国音频市场贡献巨大。

### 18.4.1 创新产品开辟用户时间消费的"蓝海"

互联网的竞争力就在于占有用户的时间。喜马拉雅另辟蹊径，从听觉入手，开辟出音频的"蓝海"。

音频是伴随性载体，人们在跑步、开车时都可以听音频。喜马拉雅通过在音频领域的开拓创新，打造自身品牌形象，创造商业价值，为其他互联网电台的发展提供可资借鉴的模式。在媒体融合的大环境下，懒人听书、阿基米德、蜻蜓 FM、荔枝 FM 等一大批互联网电台异军突起。随着音频从小众走向大众，音频自媒体的黄金时代已经来临。年收入过千万元的有声自媒体人已经出现，专业化的互联网有声媒体制作公司正在大量涌现。喜马拉雅打造出的"大平台＋小老板"模式，让人人都能够成为主播，也给每个人提供了创业机会。

### 18.4.2 PUGC 模式具有可持续发展力

在中国音频市场上，继喜马拉雅之后，相继有几个平台展开差异化竞争。例如，阿基米德 FM 强化产品的社交属性，走语音直播的道路，打破广播节目按频率划分的方式，把频率细化为一个个独立的社区，已经形成 1 万多个节目社区，力图"为每一个人都找到其感兴趣的节目"。荔枝 FM 采用的 UGC 模式也着力于社区的打造，主要定位于个人情感诉求风格。2017 年，荔枝 FM 上线音频版的"非诚勿扰"板块，专供用户交友，在音频社交领域玩得风生水起。考拉 FM 聚焦车载音频，与 50 多家汽车品牌达成战略合作，展开深度定制，占

有车载音频场景。蜻蜓 FM 坚定不移地走内容付费的 PGC 模式，强化儿童睡前场景，为儿童入睡提供大量优质、贴心内容。

喜马拉雅在内容建设上打造了独特的 PUGC 生态模式。PUGC 模式依然坚持以用户生产为核心，但生产内容的主体为专业用户，即在互联网电台领域或其他领域中有一定影响力和知名度，可以借助自己的专业特性吸引用户关注的专业内容生产者。其优势在于，既保证用户生产内容的主动性和对内容进行选择的权利，又在最大程度上降低草根用户内容生产中的无序和低效。

PUGC 模式为喜马拉雅 FM 带来盈利模式上的改变。在众多互联网电台还在依赖融资和广告招商等传统方式盈利的情况下，喜马拉雅 FM 实现了依靠内容生产而获利的多元盈利模式，具体包括：有声出版物的版权盈利、原创内容的付费收听、独立 IP 的衍生品销售和广告投放。

# >>> 19 映客：
## 中国最大的全民直播平台

 

直播在电视发展史上出现很早，但在互联网上出现却是 2005 年以后。网络直播发展可以分为四个阶段：第一阶段是以六间房、YY 等为代表的 PC 端的传统秀场直播；第二阶段是以斗鱼、龙珠等为代表的 PC 端的游戏直播；第三阶段是伴随移动端发展的移动端全民直播；第四阶段则被预测为结合 VR、AR 等先进技术的泛生活、场景化直播。从 2015 年到 2019 年，我国在线直播用户规模逐年增长（见图 19.1），移动直播已经成为中国年轻一代的一种生活方式。

映客是出现在第三阶段移动直播的重要代表。其倡导的全民直播涵盖游戏、娱乐、教育、公益等多个垂直领域，不仅在直播行业中获得的用户满意度最高，而且也因为健康的内容和阳光的导向成为最受欢迎的直播平台。

## 19.1 映客迅速成长的原因

映客成立于 2015 年，是中国第一家全民直播社交平台。映客的成长与其他直播平台一样，都经历了一个从野蛮到规范的过程，最后在直播行业杀出

图 19.1　2015—2019 年中国在线直播用户规模统计及增长情况预测[①]

了一条血路。映客之所以能够成为头部,是因为走了一条别人没有走过的路线。

(1) 定位和名称与众不同。选择做直播以后,映客希望能有一个与众不同的名字。它拒绝使用"播"、"秀"等听起来有些媚俗的名字,而是选用"映"字,谐音"鹰"。因为猫头鹰的两只眼睛像摄像头,而且是夜行动物,比较符合直播的特性。同时,"鹰"也是雅典娜女神的福鸟,有文化韵味。因此,映客首先从名字上与其他品牌区别开来。

(2) 选择的市场足够垂直、足够小。映客将自己定位为"女性最喜欢的时尚直播平台",是因为映客认为一个优秀女生至少可以吸引 200 个男生。同样,一个足够垂直和狭小的市场,恰恰能够吸引足够多的忠实用户。从映客的用户数据来看,64%都是女性,但是不少男性用户也加入其中。

(3) 做健康直播。在以前的 PC 端直播平台中,YY、9158、六间房、陌陌、快播等面向三、四线城市,内容不少与情色相关,内容较为低俗。映客坚持做积极阳光的移动直播平台,加大内容审核力度,严防色情内容出现。

(4) 突破直播技术的局限。映客创始人认为超前的技术在直播中非常重

---

① 资料来源:前瞻产业研究院:《直播行业发展趋势分析　移动直播有望迎来爆发式增长》,2018 年 8 月 11 日。

要,并且将技术作为自己第一版的核心需求。映客秉持从用户角度出发去设计产品的原则,在技术方面做了一些突破。例如,它拥有足够的带宽和速度,App 能够一秒打开。再如,映客加大美颜的力度,开通实时美颜功能。由于大部分用户都是爱美的女性,很希望自己的图片或视频被美颜,因此,映客花费不少资金去购买实时美颜技术。这一技术在后来被证明起到非常好的效果,吸引了更多的年轻女性用户。

(5) 去中心化。映客并不刻意捧红哪个明星,而是鼓励人人都去做主播,在平台上实现自己的价值。为了实现这个目标,映客打造多垂直领域的"直播+",发动各行各业的大众开通直播。

(6) 高薪日结。高薪日结指的是平台主播在下节目后当日内就可以拿到直播的报酬。个人通过映客平台获得的收入与平台分成,映客平台拿少部分,主播拿大部分。日结方式大大激励了主播的积极性,培养了一批忠实的主播。

当映客做到上面六点之后,商业模式的闭环就形成了,口碑的力量瞬间爆发出来。截至 2016 年,映客累计注册用户超过 1.3 亿;当年,映客 App 应用收入排名全球第三(除游戏外);2016 年 6 月 17 日,在腾讯应用宝发布的"星 App 榜"5 月榜中,映客直播成功上榜[1];11 月,映客直播荣登 2016 中国泛娱乐指数盛典"中国文娱创新企业榜 TOP30"[2]。在移动客户端,映客已经成为苹果在线商店排名持续靠前的应用产品,软件排名一度超过 QQ 和微信。2019 年,映客年营收达到 32.69 亿元,月平均活跃用户数达 2 981 万[3]。根据比达数据中心的数据,2019 年 3 月,映客在移动直播行业中用户满意度最高(见图 19.2)。

---

[1] 《应用宝"星 APP 榜"5 月榜:游戏、娱乐成用户核心需求》,人民网游戏频道,http://game.people.com.cn/n1/2016/0621/c40130-28466479.html,2016 年 6 月 21 日。
[2] 张若梦:《"2016 中国泛娱乐指数盛典"在京颁奖 〈火星情报局〉等榜上有名》,中国网,http://photo.china.com.cn/news/2016-11/30/content_39818601.htm,2016 年 11 月 30 日。
[3] 向密:《映客 2019 年营收 32.69 亿元 月平均活跃用户数达 2 981 万》,百家号"DoNews",2020 年 3 月 31 日。

图 19.2　2019 年 3 月中国主要泛娱乐直播 App 排行榜①

## 19.2　映客的直播内容及管理

映客倡导全民直播,相对其他平台分类更多,平台监管力度更大。

### 19.2.1　映客视频直播的类型②

映客平台上的内容可以分为四种类型。

(1) 知名明星的视频。众多明星聚集在映客平台上以进一步提升其影响力。例如,演员刘涛在《欢乐颂》播出之前就在映客上做了一次视频直播,近 2 小时收入就达到 70 万元;体育明星傅园慧在 2016 年巴西奥运会之后也通过映客平台做过一次直播,互动的粉丝达到千万。中国短道速滑队队员范可新、山东鲁能足球运动员赵明剑、NBA 球星韦德、足球明星欧文等都曾在映客平台上与粉丝和体育运动爱好者交流,扩大体育运动影响力。

(2) 有才艺的普通人的视频。这些普通人有好声音、好才艺,但没有渠道出名。映客让这些普通人成为主播。他们通过自己的才艺表演,在映客平台上获得粉丝和知名度,也获得社会认可和收入。例如,具有精湛古筝技艺的"77 公举"为自己的音乐梦想坚持努力,在映客平台上演奏古筝和钢琴,

---

① 《2019Q1 移动直播报告:用户规模达 3.3 亿,泛娱乐直播映客用户满意度最高》,比达网,http://www.bigdata-research.cn/content/2019051947.html,2019 年 5 月 16 日。
② 本小节内容资料来自 2017 年 6 月中央电视台发展研究中心对映客的调研。

获得超过 12.5 万的粉丝和超过 100 万人次的观看。一位 80 岁的老太太变身主播，以健康养生为主题，每晚固定时间在平台上直播，受到年轻粉丝追捧。

(3)"直播＋"的社交生态。映客在 2017 年提出"直播＋"的概念，打造与众不同的垂直平台，将直播与众多产业相结合。"直播＋"包含"直播＋教育"、"直播＋医疗"、"直播＋娱乐"、"直播＋游戏"、"直播＋公益"、"直播＋体育"、"直播＋电商"等领域。"直播＋教育"聚焦在线教育，将教师资源在线上得到更好体现；"直播＋体育"撬动体育事业的产业发展，提升运动员的知名度，例如，体育明星傅园慧到直播间做直播，在线收看的人数超过 1 000 万；"直播＋医疗"将更多稀缺医疗资源通过直播平台进行输出，个人也可以与专家进行交互；"直播＋政务"打通一些基础服务，提高政府部门的办事效率；"直播＋电商"因与天猫开展合作而获得收益。

(4) 视频直播客服。过去在互联网上的服务是在人与网之间展开，而映客提供的视频直播客服则是面对面的视频交流服务，这种服务比用图片和文字的交流提升了一级，为客服产业提供一个新的增长点。例如，东方航空入驻映客之后，提供视频直播的客户服务，受到用户的欢迎。

映客致力于打造一个集在线演艺、粉丝经济、内容创作等于一体的综合直播视频服务平台，一个切入视频电商、在线教育、理财金融、旅游等的垂直业务服务平台，一个良性的内容孵化创意平台，从而带动市场规模超一千亿的直播产业发展。

## 19.2.2 内容监管和审核

由于内容是来自全民直播，因此对于上传内容的监管和审核成为平台运营的重要一环。映客不断投入资金、技术和人力，参照国家相关法律法规并结合业务特点，制定了一整套严格的审核流程和审核规章制度标准，从人管和技术管两个层面进行管控。具体包括：

(1) 用户实名制。映客的账号可以用微博、微信和手机号注册登录，保证用户信息的真实可靠，对可疑及违规用户能够做到及时溯源。映客建立了用户黑名单机制和黑名单库，针对敏感地区和重点地区的敏感用户进行优先审核。映客对所有违规用户和有违规苗头的用户，无论是谁，一律封号和屏蔽播出。

（2）设立敏感词库。映客从上线运营之初就设立了敏感词库（敏感词过滤机制）。敏感词库包含涉及政治、色情、毒品、暴力、赌博等近万个词汇。一旦用户上传的视频涉及敏感词，一律会被阻止播出。

（3）设定完整自动的内容过滤系统。包括视频图片生成系统、图片识别系统、审核 Web 系统、用户拉黑过滤系统、关键词过滤系统、前端产品举报系统、监控报警系统等。

其中，视频图片生成系统是在内容进入被观看的 3—10 秒钟，后台就会开始自动对视频进行技术分析，对每一个视频流截成图片之后再进行声音识别。每一组视频流会分发给两个工作人员，他们先用肉眼进行判断，没有问题的视频会到达下一个审核员，有问题的视频则会进入复核组。经复核判断还有问题的视频则会被关停相关内容。

视频图片识别系统是一个视频大数据系统，积累了大量样本视频，大幅提升了审核的效率，尤其是对色情内容的识别，准确率可以达到 99.5%，时间不超过 3 秒。

（4）建立完善的内容管控团队。映客有 1 200 余人的全职与兼职工作团队，其中，专职的内容管控审核团队就有近 300 人。映客采用三班倒的工作制，7×24 小时不间断观看视频。审核范围包括对表演者（主播）昵称、头像、签名、表演、聊天等各项内容的严格审核。同时，对屏幕实行 3 秒一轮的动态截屏，保证截屏可以覆盖全部开播主播的房间。

（5）建立应急事件处理机制。映客平台具有应急和通知的处理机制。一旦发现问题，应急事件处理机制能够第一时间响应，并且通知后台解决。映客还建立用户日志信息存档机制，对用户行为日志做到实时保存和查询。只有审核机制跟得上，映客才能够没有包袱地进行全民直播。

## 19.3 映客的创新：全民直播的兴起和普及

不同于花椒的明星直播和斗鱼的游戏直播，映客一开始就将自己定位为全民直播。全民直播是为普通人提供直播的舞台，意味着任何年龄段的任何人都可以在映客上发起直播并成为网红。

为了达到全民直播的目的，映客于 2017 年发起"直播+"的模式，已经尝试"直播+公益"、"直播+教育"、"直播+医疗"、"直播+文化"等不同的直播方式，打造直播与各垂直领域的产业发展。

各"直播+"平台都已经产生良好的社会影响。例如，在"直播+公益"平台上，聋哑人张若兰 3 岁时因药物导致失聪，近年来一直在映客上追求自己的理想，鼓励更多的年轻人，在收到映客 60 多万元人民币时全部捐献公益，帮助更多的残疾人和贫困学生。映客还设立"小映帮我"专栏，联合众多明星发起"小映助学"，累计获得捐赠 1 000 余万元，全部用于帮助贫困大学生。在"直播+社交"平台中，映客收购了主打潮流时尚品牌调性的年轻化兴趣社交 App。在"直播+综艺"平台上，映客自制的脱口秀综艺《奇葩驾到》刷爆朋友圈。"直播+综艺"通过丰富的内容、精细化的运营和泛娱乐的布局，赋能红人主播，让更多全网 KOL 和艺人走进直播间，与用户实时互动。"直播+AI"打造多维度的推荐系统、精准的年龄分析和超分辨率画面的贴心服务平台，自动识别主播的行为，精准推送给感兴趣的网友。

全民主播创造了很多就业机会。映客上的主播在全行业中是最多的。与其他平台不同，映客从不签约主播，所以平台上的主播往往都是默默无闻的普通人。他们一点一点积攒人气，通过展示真实的自己获得收益和平台分成，最后成为人气主播。在收益分成上，映客分给主播 55% 的收益，平台自己拿 45%，显示对主播劳动的尊重。这样做的目的是打造一个长尾的社交链条和忠实的用户圈子。

映客也采取一些措施来激励主播成长。2017 年，映客斥巨资举办"樱花女生"及"映客先生"年度活动,旨在打造一批直播网红。2018年,映客又推出"明星主播培养计划"和"红人计划",计划用于培养主播的费用高达13.7亿元。主要作用为:安排人气主播参加娱乐活动,安排主播与娱乐行业其他参与者合作,提高主播的知名度,帮助主播进军泛娱乐业和成为潜在新星等。

为提升用户体验,映客不断创新,推出"三连麦"、"直播对战"等多种有趣、好玩的互动方式,延长用户使用时间,从而将活跃用户转化为忠诚用户和付费用户。映客还提供聊天、发送私信、公开消息、发送红包等方式让主播与观众互动。这些互动方式激发了主播和用户的热情,使映客的受欢迎程度一直位列所有直播平台之首。

2018年以后,映客的核心策略是下沉——把映客品牌从一、二线城市下沉到三、四线城市中。

## 19.4 对映客的评价:借力全民直播,构建直播生态链

映客自2015年5月产品上线已经连续四年盈利,这在中国互联网历史上非常少见。映客的快速发展,一方面是赶上了移动直播发展的大潮,另一方面也与自身的独特定位和运营策略分不开。映客从一开始就将自己与其他众多移动直播平台区分开来,坚持不做低俗直播,坚持传播正能量,并且坚持只从女性这一较为狭窄的市场切入,不迎合所有用户群。高度聚焦让映客可以集中资源,构建核心竞争力,开辟独有的"蓝海"。

"直播+"平台提供了新闻、社交、音乐等与直播结合的常见形态,使直播从原有的娱乐价值延伸为更广的社交价值、教育价值、益智价值,让平台具有更为丰富的层次和产品线。

移动直播的垂直化发展也促进电子商务的发展,促进价值链的延伸,逐步构建起移动直播生态。

少数明星或"大V"支撑起来的平台或许短期内能够获得流量,但是长久必然得不到持续的优质内容。映客反其道而行之,让各行各业的普通人在互

联网平台上发声,开发出巨大的大众市场。同时,映客向各行各业延伸,创造垂直内容,开辟出行业市场。在两大市场中,映客培养支持忠诚度较高的人气主播队伍,从而黏住海量用户。映客这种"直播+垂直"模式就是典型的T形战略,即先做流量,再向纵深发展的道路。

# 20 B站：年轻人的二次元文化社区

哔哩哔哩(BiliBili)是国内年轻人在互联网上的文化社区，于2009年6月26日创建，被粉丝们亲切地称为B站。

在人们最初的印象中，B站可能只是一家弹幕视频网站，如今已经难以一言以蔽之：2017年，已坐拥1.5亿用户，运营全球最卖座的移动游戏之一《命运/冠位指定》(Fate/Grand Order，FGO)，冠名CBA球队；截至2019年6月，B站日活跃用户数已超过2 200万，弹幕总数超过14亿。

在中国众多互联网公司中，B站不仅以它独特的二次元文化和弹幕功能独树一帜，而且倡导主流文化和正能量价值观，是中国年轻人高度聚集的文化社区。从一个小众视频网站走向主流，B站有哪些做法值得借鉴呢？

## 20.1 B站的发展历程

B站是在A站的基础上建成的。提到A站，人们就会想到二次元和弹幕。A站全名为"AcFun"(Anime Comic Fun)，它在2007年最早建立了一个以动漫、动画为内容载体的年轻人社区，是国内二次元文化的发源地。

## 20　B站：年轻人的二次元文化社区

二次元是 ACG（animation、comic、game，动画、漫画、游戏）亚文化圈的专门用语，最初来自日语，意思是"二维"。日本早期的动画、漫画、游戏等作品都是二维图像，其画面是一个平面，所以通过这些载体创造的虚拟世界被动漫爱好者称为二次元世界，简称二次元。

在这个二次元社区中，A 站又率先推出弹幕功能，即在播放动漫时允许观众实时发布评论，评论直接流动显示在屏幕上，形成一种独特的视频体验，让弹幕背后的用户产生一种共时关系，形成一种虚拟的部落式观影。一时间，弹幕吸引了大量粉丝。

图 20.1　二次元的弹幕

之后，由于各种运营方面的原因，A 站的粉丝数一直没能得到高速增长。2009 年，从 A 站离开的一个资深会员独立创立了一个视频分享网站，即 B 站。B 站在最初推出时的定位是 A 站的"备胎"，当 A 站有卡速时可以替代使用。所以，B 站沿袭了 A 站的弹幕特色，以悬浮于视频上方的实时评论弹幕为其主要功能。其创建初衷可谓极为简朴。

然而,B站在沿袭了二次元风格和弹幕功能之后一发不可收拾,主因是正好迎来二次元发展的时机。二次元的小众文化拥有强烈的向心力,用户黏性更强,而且二次元用户多是年轻的Z世代(在1995—2009年出生的人),对自己偏好的小众风格极为迷恋。

弹幕之所以能够吸引大量拥趸,有两个原因:一是实用感,即面对影片中突然放大的音量或者其他突发情况,弹幕会出现一些友情预告,如"前方高能"、"请调小耳机音量"等,或者是通过铺天盖地的"弹幕护体",遮挡住恐怖片中突然闪现的鬼影。Z世代受教育程度高,对新潮技术和事物拥有更高的包容度,很容易接受这种带有"下一秒预告"的弹幕形式。二是认同感,弹幕让观看同一影片的人们获得连接。通过弹幕,他们讨论影片中的欢乐与悲伤,交流只有彼此才能够懂的梗。从一定意义上讲,弹幕的存在完善了二次元王国的丰富性,让强调特立独行却容易孤独的年轻人,通过这种形式找到认同感,形成有共鸣的社区。

仅仅是这些并不能让B站走到今天。B站逐渐意识到,核心二次元的用户数量虽然不断增长,但总体市场依然相当有限,要想取得更大的发展乃至商业上的盈利,必须进行次元壁的突破才可能发展壮大。

图20.2反映了一个严峻的现实:即使B站成为ACG内容平台的绝对龙头,发展也将受限。因此,B站发展的第二个阶段是突破次元壁,生产多元化内容。

图20.2 2013—2018年中国二次元用户规模及增速①

---

① 曹欣蓓、齐卿:《Bilibili突破次元壁了吗?》,《中欧商业评论》2019年11月。

一方面,它根据自身业务结构鼓励内容生产者上传内容(upload,上传内容的人被简称 UP 主),并且对 UP 主提供高度支持。另一方面,扩大内容范围,将原来仅限于二次元的内容逐步扩大到音乐、文化、科技、舞蹈、游戏、鬼畜等 12 个垂直板块。这些措施保证了 B 站的视频活跃度,丰富了 B 站的内容,也促进了众多用户与 UP 主的良好互动。B 站不仅是动漫粉丝的集合地,更成为年轻人的学习社区。

根据 B 站公司年报,B 站的用户量和视频上传量从 2018 年第三季度起开始稳步增长。平均日活跃用户数达到 9 270 万,移动端月活跃用户数达 8 000 万,同比分别增长 25% 和 33%。用户日均使用时长从第二季度的 75 分钟大幅增长至 85 分钟,日均视频播放量达到 4.5 亿次。2019 年第二季度,B 站的月活跃用户数高达 1.1 亿。用户的创作视频数也在大幅增加。2018 年第四季度,B 站日均新视频投稿量达到 75 600 条,涵盖游戏、音乐、时尚、生活方

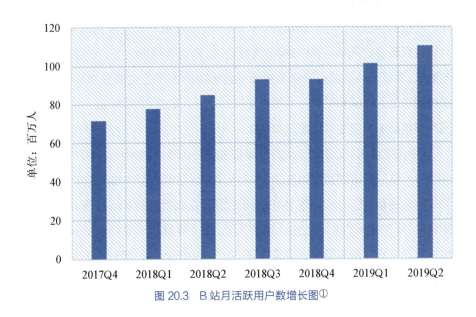

图 20.3　B 站月活跃用户数增长图[①]

---

① 资料来源:哔哩哔哩公司 2019 年年报。

式、科技等方面的视频。较之于 2017 年同期的 31 400 条,增长了超过一倍[①]。

## 20.2　B 站的主要内容及其特征

B 站作为中国年轻人高度聚集的内容社区,其使命是丰富年轻一代中国人的文化生活。互联网公司的用户群体普遍具有年轻化的特征,但是 B 站用户显然更为年轻。B 站用户中 81.7% 是出生于 1990—2009 年的年轻人,被称为中国的 Z 世代(Generation Z)。B 站致力于打造 Z 世代用户在线娱乐的梦想之地。

B 站通过构建用户与内容创作者之间的兴趣纽带,以风格化的产品和趣味性实现对年轻一代用户的强大影响力,表现为四个方面。

### 1. 以动画为载体,重构二次元生态

仅在动画领域,B 站在 2017 年 3 月成立"国创"(国产原创)专区,专注于国产原创动画的推广与生态维护。B 站在 2018 年第一季度成为购买新动画片播放权最多的网站。通过购买、流量合作、官方账号联合推广的形式,B 站与腾讯、搜狐、乐视、湖南卫视等视频平台和内容出品方达成深度合作,成为国内拥有最大动画和纪录片库的视频网站之一。截至 2018 年第一季度,B 站国产原创动画播放量累计超过 18 亿。

《中国唱诗班》是 B 站推出的一部非常具有代表性的国产动画片,其中的《夜思》一集主要讲述顾维钧先生 1932 年作为国联调查团中唯一的中国代表,前往东北调查"九·一八"事件和伪满洲国成立真相的故事。打开 B 站的视频链接,除了细腻的画面和生动的情节外,青少年通过弹幕抒发的观影感受也很触动人心,"我深爱我的祖国"、"有幸成为中国人"等,年轻人的爱国情怀跃然纸上。

---

[①] 《B 站第三季度财报:Q3 总营收再超 10 亿,月活跃用户数达 9 270 万》,网易号"游戏葡萄_",http://dy.163.com/v2/article/detail/E15LJMVQ05268BP2.html,2018 年 11 月 21 日。

### 2. 以纪录片为形式，倡导主流文化的正能量传递

与"70后"、"80后"喜爱港台文化和欧美文化不同，B站的"90后"、"00后"对中国传统文化有着极大的兴趣。面对浮躁的互联网，B站坚持沉下心来，做一些可能看不到短期利益，甚至有较大风险的项目。

在B站，由传统文化爱好衍生出的个性化原创自制内容，已经覆盖舞蹈、音乐、歌曲、动画、工艺、戏剧、美妆、服饰、历史、军事等诸多领域，产生了数百万条视频，总播放量突破200亿。例如，中央电视台出品的纪录片《我在故宫修文物》在B站率先火起来，纪录片《大国重器》和《寻找手艺》、综艺节目《国家宝藏》、历史正剧《大秦帝国》、爱国主义题材动漫《那年那兔那些事儿》等，都受到B站青年网友的喜爱，播放量远超其他类型节目。2018年以来，《小小少年》、《人生一串》、《如果国宝会说话》等一批正能量微电影在B站播放并获得较高的播放量。2019年上映的《决胜荒野》、《宠物医院》、《历史那些事（第二季）》播放量均超过千万。

B站不仅注重宣扬中国传统文化，更重视对传统文化进行创造性转化。B站的做法不是刻板地重复传统文化，而是鼓励年轻人大胆创新，实现文化传播的良性循环。例如，2018年农历三月三日，B站和共青团中央一起举办"中国华服日"的活动，鼓励大家一起来制作并穿着华服（汉服），还在西安和上海举办了两场穿着华服的活动，吸引了非常多的年轻人参加。2018年，B站与BBC合作，推出人文科技题材纪录片《神奇的月球》。与传统的科技题材不同，这部纪录片融合中国文化的点点滴滴。正如一位B站用户所评价的，"月映照着中华文化的集体意识"，一部讲述月球的纪录片，也能够以其独特的方式激发青少年的家国情感。截至2018年10月，B站已经拥有音乐、演奏、舞蹈、娱乐、生活、时尚、科技等11个大类、7 000多个兴趣文化圈层[①]。

### 3. 以直播和视频为抓手，增强内容生态建设

为吸引更多年轻人参与，B站开设了直播活动，活动流量占B站流量的三

---

① 陈睿：《打造新时代青年文化综合体》，《新闻战线》2018年10月（上）。

分之一。B 站直播内容丰富有趣,以年轻人热衷的"萌文化"和"宅文化"为特色,通过动漫游戏、手办工艺、漫画绘画等方面的技能展示,吸引用户观看内容,通过弹幕进行交流互动。

直播之外,B 站出台了一系列激励措施,增强内容生态的建设,获得无数大神们的视频投稿。B 站上 UGC 视频投稿总数超过 800 万,每天的视频播放次数超过 1 亿,平均用户停留时长达 71 分钟,有 90% 的视频是用户自制和原创的[1]。视频可产生包括付费订阅、付费观看内容等收益。B 站在 2016 年 10 月推出大会员制度,包括付费内容免费看、连载内容抢先看(通常为提前一周)等权益,逐渐培养用户的付费习惯。原本 B 站用户黏性就高,再加上国内版权意识不断提高,用户逐渐习惯视频网站付费的模式。2019 年第二季度,B 站月平均付费用户已达 630 万(见图 20.4)。

图 20.4　B 站视频平均付费用户增长趋势[2]

---

[1] 李洋:《最大的二次元社区 B 站,是怎么做内容、社群和 UGC 运营的?》,馒头商学院,转引自鸟哥笔记,https://www.niaogebiji.com/pc/article/detail/? aid=13252,2016 年 11 月 1 日。

[2] 资料来源:哔哩哔哩公司 2019 年年报。

#### 4. 以兴趣为纽带，拓展线下活动，连接 Z 世代

为加强用户间的交流和联系，从 2013 年开始，B 站连续举办大型线下聚会活动 BiliBili Macro Link(BML)。2018 年 7 月，第六届 BML 在上海梅赛德斯-奔驰文化中心举办。这届活动总共举办三场演唱会——虚拟偶像全息演唱会、海外嘉宾专场演唱会和 BML 主场演唱会，以及同期进行的 BW（BiliBili World）线下漫展，三天共获得 17 万参与人数和 1 400 万直播关注量。BLM 活动打破了网络平台孤立的、封闭的场景，成为 Z 世代的专属场地。在这个平台上，年轻用户将创造力发挥到极致。除了演唱会之外，B 站举办的节目还包括漫展、粉丝见面会、签售会、交友会等各类线下活动。

## 20.3  B 站的独特之处：二次元和弹幕文化的突破

从二次元网站开始流行弹幕之后，爱奇艺、优酷、土豆等很多视频网站都开设了弹幕功能。但是，为什么年轻人还是聚集在 B 站玩弹幕？相较其他网站，B 站弹幕确实有独到之处。

### 20.3.1  二次元和弹幕相辅相成，形成良好的社交氛围

B 站能够获得二次元和弹幕的成功，是由于二次元和弹幕其实是相辅相成的。从基因上来看，弹幕文化与二次元文化中的一些典故、桥段都有着复杂的联系。发弹幕的时候把二次元文化现有的资源与当前的视频联系起来，能发出比较好玩的弹幕，收到良好效果。

此外，二次元文化聚集了一些忠实用户，形成了小众文化的社交群体，促进了弹幕的发展。艾瑞咨询曾在 2015 年做过相关调研：二次元用户中，有 63% 的用户只有在二次元世界里才能找到共鸣和爱；41% 的用户觉得二次元圈子可以让他们感到温暖和存在感。可见，用户对二次元的喜爱不仅是对动漫内容的需求，还有社交需求。这种社交需求的实现需要通过某种纽带把相同爱好和相同价值观的人聚集起来。B 站区别于其他视频网站之处，就在于

建立了一个二次元社区,满足了二次元人群的交流需求。

### 20.3.2 严格的用户筛选和弹幕审核机制

从 2013 年 5 月 20 日开始,B 站建立正式的会员制。正式会员有三种权限:一是观看权限——大部分视频会员与用户都可以看,但部分视频只有会员才能看,这些视频被称为"只有会员才知道的世界";二是弹幕权限——只有会员才可以发弹幕、评论;三是投稿权限——只有会员才可以投稿,审核通过后可以被其他会员观看。

B 站对发布弹幕的用户要求和审核较严格。在成为 B 站正式会员的考试中,有一项考试叫"弹幕礼仪考试"——想要在 B 站发弹幕的人必须要在后台经历数十分钟到一个小时的答题,通过考试后才有资格发布弹幕。这样长时间的答题会筛掉很多低素质的用户。

B 站还拥有严格的弹幕审核机制,后台通过人工排查和用户举报两种方式来审核弹幕。网站允许 UP 主管理自己发布的视频中的弹幕。在 UP 主上传的视频中,如果出现恶意弹幕,这些弹幕会被网站直接筛掉,严重的会直接拉黑 UP 主的账号。如果有 UP 主发表了被禁止的弹幕、图片或者视频,其账号会被禁止数小时,严重的会被永久封禁。刷屏、剧透、广告、攻击他人等行为都属于恶意弹幕,一经发现即被删除。

B 站一方面鼓励 UP 主创作、上传优质视频;另一方面,通过严格的门槛制度筛选出优质内容,营造并维护良好的社区氛围。

### 20.3.3 吸引用户上传优质内容的机制

B 站对 UP 主高度支持,激励他们制作和上传优质内容。例如,2016 年,B 站推出为 UP 主定制的"充电计划",为参与计划的 UP 主打赏电池;2017 年,B 站为 UP 主提供与广告商对接的平台和资源;2018 年,B 站针对非头部的 UP 主推出"创作激励计划",如果 UP 主的粉丝达到 1 000 或者视频累计播放量达到 10 万,就可以申请激励计划。

B 站将上传和创作的内容重点集中在新番(新的日本动画片)上。近年来,B 站逐步扩大视频内容范围,除二次元文化之外,还建立了音乐、舞蹈、游戏、科技、鬼畜、影视等近 20 个垂直内容分区(见图 20.5)。内容分区以后,便于 UP 主按照自己的视频内容进行投放,也便于用户在浏览时找到自己需要的内容。

图 20.5　B 站上近 20 个内容分区

B 站并不刻意引导用户关注哪些内容,而是放手让用户掌握绝对主动权。B 站不仅有分区点击的排行榜,也有全站的综合排行榜。用户可以按照点击、评论、硬币、收藏等要素的综合计算为视频排行。另外,B 站也可以以用户为维度进行视频推荐,例如,有来自 B 站小伙伴们的视频推荐,也有来自 UP 主的视频推荐。

这些激励措施保证 B 站视频的活跃度,不仅使 B 站拥有众多 UP 主,也使弹幕促进用户与 UP 主之间的良好互动,UP 主的成长反过来又促进 B 站的发展。"B 站大神云集"这句话并非虚言。不少 UP 主在步入大学、进入社会、成为某一方面的专业人士后,会反哺 B 站,带来高专业度的视频。更为重要的是,他们带来的视频内容并不只是 ACG 或二次元,而是包括更广的范围,比如音乐系的 UP 主上传的演奏视频、计算机 UP 主上传的编程科普视频,或是舞蹈达人们上传的街舞视频。这些大神们是 B 站内容生产的真正主力军,也是突破次元壁的最佳助攻。

## 20.4　B 站的影响及创新价值:构建新一代青少年的精神家园

对我国不少研究文化的学者来说,B 站的二次元文化已成为他们研究的重点案例。这种依靠小众聚集、交流、分享而形成的文化社区不仅汇聚年轻人,也在很大程度上将中国的传统文化传播到海外,吸引海外用户的眼球。在他们看来,B站的社区文化是独一无二的。

B站CEO陈睿曾经说过:B站的成立不是要让中国多一家成功企业,而是让中国新一代青少年有一个属于自己的精神家园。这句话准确地概括了B站的愿景和价值观。B站为满足青少年需求所进行的探索给我们带来了启示:要吸引年轻人,首先要了解他们的个性和喜欢的内容,只有踏踏实实沉下心来打造年轻人需要的内容和活动,才有可能获得他们的喜爱。B站了解到,这一代年轻人孤独、敏感、自信、喜欢幻想和美好、尊重真实,他们在乎良好的社区氛围,在乎互动、分享和交流。所以,B站锁定这部分小众群体,营造一个年轻人的专属社区,打造中国新一代青少年的精神家园。

B站的第二个价值是精准定位,用二次元和弹幕文化抢占年轻用户的心智。定位专家杰克·特劳特提出的定位理论认为,竞争的终极战场是心智而非市场,也就是在顾客心智中抢占一个最具优势的位置,使品牌胜出。B站利用二次元的优势抢占Z世代用户的心智,使弹幕和二次元成为他们的生活方式。2015年以后,虽然爱奇艺、优酷、土豆等传统视频网站先后推出弹幕功能,但无法撼动B站的位置。B站创造出年轻人的交流空间与文化认同,而且通过积极引导,弘扬健康向上的格调与氛围,形成了高度的凝聚力与忠诚度,充分证明"品牌的价值在于认同感"。

## >>> 21 蓝海云平台：对外传播的融媒体创新[1]

蓝海云平台是蓝海传媒集团旗下的新媒体平台。蓝海传媒集团由留美华人顾宜凡和诸葛虹云创办，以蓝海电视（Blue Ocean Network，简称 BON）起家。蓝海电视是一个讲述中国故事的 24 小时的民营英文电视台。它以西方主流人群为受众，是中国最早进入西方主流社会、传播中国内容的一家英文电视台。它不同于面向海外华人的国际中文媒体（如 CCTV-4、凤凰卫视、长城平台），也不同于有官方背景的中国英文媒体（如中央电视台的 CCTV-NEWS 和新华社的 CNC），而是市场化运作的民营对外媒体。

除了蓝海电视之外，蓝海传媒集团旗下还拥有英文视频通讯社（BON Video）和英文节目制作实体（BON Production）。蓝海电视台作为中国民营电视台的代表，已经进入西方主流社会。作为专注中国内容的英文媒体，它以明确的定位和独特的对外传播模式走在融合发展的前列。

蓝海云平台是本书中独一无二的对外传播性质的融媒体平台。近年来，蓝海传媒集团通过自己打造的蓝海云平台，整合国际资源，向海外发布中国

---

[1] 本章内容资料全部由蓝海传媒集团提供。

故事,成为对外传播中融媒体创新的代表。

## 21.1 蓝海云平台成立的背景和发展历程

诸葛虹云是蓝海电视的创始人之一。20世纪80年代就赴美留学的她心中一直怀揣着一个梦想:让世界能够了解真实的中国。中国文化博大精深、源远流长,但以美国为首的西方世界对中国的当代发展却鲜有了解。她说:"中国人在世界上的形象不应该任人抹黑,讲好中国故事就是我们民族复兴的开始。"回国以后,诸葛虹云和合伙人决定共同创办一家民营电视台,向西方社会传播中国文化。

2006年,中国第一家民营电视台——蓝海电视诞生。蓝海之意,即转战海外,向世界传播中国文化,把包括文化、非物质文化遗产、旅游、美食、公益等能代表民族核心价值的中国故事,通过开发媒体渠道、打造案例等多种形式传播到海外,提升中国文化软实力[1]。

蓝海电视成为全球第一个面向西方主流社会、关于中国内容、由民间资本运营的全英文商业媒体,24小时播出,内容涉及国内新闻、文化、脱口秀、评论等栏目。经过几年努力,蓝海电视在美国多个城市落地,其卫星频道覆盖北美和亚洲[2]。

然而,仅靠蓝海电视传播中国故事还远远不够。诸葛虹云认为,"文化的传播历来都不是孤立的社会行为,而是多方合力"。蓝海传媒集团希望能够扩大中国故事的规模,让成千上万的中国故事飞入寻常百姓家。基于扩大规模的需求,蓝海传媒集团决定借助大数据和云平台源源不断地生产中国故事。由此,蓝海云平台在2014年诞生,成为第一个专门面向国际市场、基于云计算和云储存、全球共享的视听图文内容的全媒体运营平台。

---

[1] 资料来源:2019年11月22日笔者对蓝海传媒集团总裁诸葛虹云的访谈。
[2] 张阳:《蓝海电视创新模式取代半岛电视台抢滩美国》,环球网,https://world.huanqiu.com/article/9CaKrnJC3Cd,2013年8月30日。

蓝海云平台是多种技术手段和运营模式的融合,包括云技术和互联网技术、节目制作和媒资管理技术、社会化节目合作机制、全媒体播出及发布体系等。它对制作中国故事的助力在于:在这个平台上,居住在全球各地的媒体专业人士将完成对中国故事制作的接力。这些制作人员虽然身处不同地区,却可以通过蓝海云平台远程组建创作集体。只要每个人在节目制作的某一个环节上有特长,整个团队就可以完成在线创意、在线沟通稿件、在线上传素材、远程编辑、配音、审阅、提交等全过程,让故事足不出户就变成一部值得在世界范围内传播的好节目。当每个人都把自己的故事上传到蓝海云,一个规模化的中国故事平台就真正形成了。

蓝海云平台这块试验田的搭建获得了初步成功,找到了一条规模化运作的路径。截至 2017 年年初,蓝海云平台已经产生近 2 000 个中国故事,数万分钟的内容素材通过数千个合作媒体渠道,到达数以亿计的外国受众。截至 2019 年年底,差不多每年都有数百个故事通过蓝海云平台进入西方主流媒体。

2018 年,基于蓝海云平台的海量制作和传输功能,蓝海传媒集团进一步发起"中国故事全球传播千万亿基金"项目。该项目旨在调动数以千计的专业机构和人员,拍摄数以万计的中国故事,面向全球数亿观众传播。该项目使得众多视频专业人员和爱好者在蓝海云平台上参与中国故事的拍摄和制作,形成海量的中国故事节目源和全覆盖的全球传播,同时也带来源源不断的商业利益。

"中国故事全球传播千万亿基金"项目的几个子项目都已经陆续展开。"BON 北京故事全球传播平台"已经制作和播出 300 多期节目,云南的故事、江苏的故事、各地旅游的故事、品牌的故事等都通过蓝海云平台传播到世界。一个基于蓝海云平台,集传统媒体和新媒体为一体,专业制作与社会化参与互为补充,规模化推动中国内容走出去的"高速公路"已经开通。

## 21.2 蓝海云平台的主要产品和功能

蓝海云平台是一个集采集、编撰、加工、发布、传播和推广为一体的平台。

我们可以从四个方面来理解蓝海云平台的特色。

### 21.2.1 内容：讲述外国人喜欢的中国故事

从 2014 年上线至今，蓝海云平台一直致力于向世界讲述中国优秀人文故事。蓝海云平台上的中国故事一共分为五大类：商务科技类、文化类、旅游类、健康养生类和公益类。

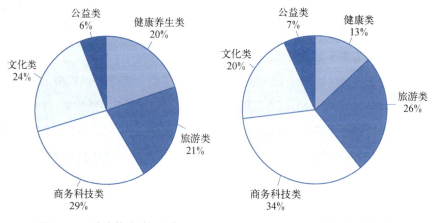

图 21.1　五大类故事时长占比　　图 21.2　五大类故事条数占比

商务科技类故事多是对中国经济发展的关注和对当下正在发展中的中国企业的软性宣传。近些年，中国经济的飞速发展吸引了大量西方主流人群的眼球。诸葛虹云认为，中国企业的海外形象是中国国家形象的重要组成部分。因此，为国内具有国际推广需求的企业、政府、机构等提供全球传播服务成为蓝海云平台的重要使命。

旅游类故事以传承中国地理自然文化为目的，介绍中国的地域文化、风土人情，包括云南的故事、江苏的故事、北京的故事等系列故事。例如，北京的故事包含"外乡人在北京"、"探秘国际学校在北京"、"胡同里的皮影酒店"、"美国人泰勒：青龙峡蹦极嗨翻天"等若干小主题。

中国健康与养生文化是中华民族的宝贵财富。蓝海云平台发现很多外国人关注中医养生，于是专门开辟中国健康与养生系列，制作并播出的健康与养生短片形成 5 档电视栏目,共计 313 期。随着蓝海云平台中国健康与养生系列的推出,越来越多的外国人来中国做针灸、铺灸、喝中药。

文化类包括中国的茶文化、酒文化、美食文化、胡同巷子、古老技艺等。蓝海云平台发现,近年来,作为中国传统文化重要组成部分的佛教文化,尤其是中国禅文化,正在获得越来越多来自西方社会的深度共鸣。蓝海云平台针对这些内容开发了相应的故事,"泉州寺庙"、"龙泉寺机器僧"等寺庙故事系列都得到外国人的青睐。

2016 年,蓝海云平台开始探索公益故事这个领域。蓝海云平台发现,外国人普遍重视的普世价值在中国没有得到很好的传播,例如,残疾人的社会保障、失学儿童问题、癌症与人类、企业应承担的社会责任都是外国人普遍关注的话题。蓝海云平台开始着重关注这些话题,打造若干系列公益故事。

### 21.2.2　平台:发挥自身优势,打造全球协同制播平台

蓝海云平台是一个国际化的云平台,整合了新闻故事的采集、编撰、制作和传播发布等各个环节。

蓝海云平台上汇聚了上千名国际专业制作人,包括创意、撰稿、编译、配音、主持、包装编辑、审核等。这些专业制作人来自世界各地,只需要在蓝海云平台上简单地注册,就有可能成为蓝海云平台中国故事的制作人。一般来说,蓝海云平台会定期按照海外观众的需求策划故事选题。选题一旦确定后,蓝海云平台会发布招标公示,吸引海内外节目制作团队参与。通过资质审核后的团队可以制作素材片,上传到蓝海云平台上,再由蓝海云平台的专业审核团队按照国际标准审核片子的质量。经审核通过的素材片会进入蓝海云平台的素材库,通过海外发布平台向全世界合作机构推出。

蓝海云平台上较为固定的制作团队大约有 40—50 个,不固定的流动制作人大约有上千人。互联网和云储存技术使得这些专业制作人员可以在线完成视听图文的内容制作,并且通过平台汇聚与共享。通过这种一体化的制播模式,蓝海云平台有效地整合了全球符合条件的节目制播团队,按照市场

化规律承接一个个故事的快速制作,实现全球规模化传播。

### 21.2.3 渠道:联手国际媒体,打造对外传播通道

经过几年努力,蓝海云平台已经在全球形成了分布在120多个国家和地区的6000多家注册媒体用户的传播网络,抵达数亿受众。

蓝海云的发布渠道主要有三种。

一是传统电视媒体。蓝海云平台整合了全球知名电视媒体联播和通讯社,包括CNN、彭博财经电视、英国天空电视、福克斯商业新闻、美联社等国际一流媒体;特别设计了"一带一路"媒体组合,囊括"一带一路"沿线国家的电视台。

二是网络传播媒体。包括美国有线电视新闻网(CNN)、娱乐与体育节目电视网(ESPN)、《财富》杂志、法国《世界报》、美国广播公司(ABC)、《纽约时报》、《华尔街日报》、《卫报》、《时代周刊》、《华盛顿邮报》、德国《商报》等55个国家数百家媒体的网络版和手机版,每月可到达五亿受众。

三是社交媒体。蓝海云平台在社交媒体上的运作,以向社交网站推送自己的新闻内容为主。由于很多媒体都有社交媒体账号,蓝海云平台为其提供简短素材收到良好效果。例如,2018年一档旅游美食节目《喜洲粑粑》在Facebook上的点击量超过百万。

蓝海云平台向这些媒体传播的具体方式多种多样。一种是蓝海云平台以电子邮件的方式通知媒体用户,用户到云平台上自取,如印度尼西亚共和国电视台、阿拉伯联合酋长国City7电视台等。二是蓝海云平台通过一些国家的推广人员向受众推介内容,如亚洲的菲律宾、印度尼西亚、印度和非洲的尼日利亚等。三是线上部分合作媒体的推介,例如,美联社会将蓝海云平台的内容推送到其全球媒体内容平台上,供美联社的合作媒体采用。

### 21.2.4 技术:精密准确的大数据和云端系统

蓝海云平台的后台主要由大数据系统支撑。该系统可以准确记录每一

个中国故事从选题到制作直至传播的全过程,精确分析受众需求、分布差异、收视数量、观众喜好程度等,从而对传播效果进行定量分析,形成以传播效果为导向的制作体系。

蓝海云平台的云计算和云储存技术,搭建了全球共享的数字全媒体运营平台,让每个人都有机会参与到视听图文节目的素材提供、加工制作、收益中来。这使国际传播从过去仅限于少数专业机构的行为,变成大众参与的协作行为。

蓝海云平台是一个基于大数据支持的商业模式。广告商可以在云平台上依据细致的用户信息进行精准投放。节目制作机构和个人有机会分享到平台发行及节目被采用所产生的经济收益,突破了以往中国电视节目出口时的版权交易瓶颈。此外,蓝海云全球协同制作体系,使得中国参与者们提供的故事和节目有机会被改编加工成符合国际市场的产品,并且通过蓝海云平台的发布渠道,被外国机构用户或者观众购买,形成良性的商业循环。

## 21.3 蓝海云平台的创新:讲述西方受众喜欢的中国故事

蓝海云平台的出现本身就是一个创新。本书重点介绍蓝海云平台引以为荣的特点——讲故事的手法。诸葛虹云曾说:"中国不缺好的故事,当务之急是要学会世界语,学会国际语境的转码,用世界听得懂、看得懂的方式来演绎,输出中国故事。"在对外传播中,如何讲好中国故事,让外国人接受,一直是众多对外机构研究的问题。蓝海云平台经过多年摸索,已形成自己的一套创新做法。

### 21.3.1 关注西方人感兴趣的话题,宣扬普世价值

蓝海云平台十分注重选择西方人普遍感兴趣的话题,关注具有普世价值的话题,避免意识形态的过度解读。

蓝海云平台上的故事主要有五大类:商务科技类、旅游类、健康养生类、

文化类和公益类。这些内容都是外国人感兴趣的。

蓝海云平台将中国企业的故事作为题材首选。一方面是因为外国人普遍关注中国经济;另一方面,为具有国际推广需求的国内企业提供全球传播服务也是自己的重要使命。例如,在 2017 年打造的"中欧班列"系列故事,通过讲述中国开往欧洲的快速货物班列上的小人物的故事,折射出中国"一带一路"倡议的发展进程。"中欧班列"系列短视频一播出就在 CNN、美联社、彭博社等国外主流媒体上被报道,Facebook 和 YouTube 播放量达到 100 多万次。再如,2018 年打造的"青岛啤酒系列故事"中,通过澳大利亚中餐馆对青岛啤酒的偏爱、俄罗斯姑娘的青岛啤酒梦想等一些小故事,侧面反映中国企业走向国际化市场的历史背景,宣扬青岛啤酒的企业核心价值。系列故事一共在 286 家不同的海外媒体上发布。

近年来,越来越多西方人对中国禅文化很感兴趣。2018 年,蓝海云平台制作的纪录片《禅门七日》(见图 21.3)以禅宗祖庭柏林禅寺"生活禅夏令营"为背景,讲述五名大学生在七天夏令营里所发生的故事,呈现禅文化的智慧是如何影响现世中的年轻人,改变他们的人生。影片获得好莱坞洛杉矶电影节 2018 年最佳纪录片奖。

图 21.3　纪录片《禅门七日》画面

蓝海传媒集团还关注贫困儿童的教育问题、残疾人的社会保障问题、癌症患者、公共设施建设问题等。2016 年，蓝海云平台制作的纪录片讲述了一个自闭症儿童的画被印上派克兰帝儿童装被搬上北京时装周 T 型台的故事，被 CNN、Telefriuli 等海外媒体采用。2018 年，《这里只有孩童，没有盲童》讲述了武汉盲人学校的一名女老师关照盲人孩子的故事，被海外 338 家不同媒体采用。

### 21.3.2 以小见大，见微知著

蓝海云平台的故事全部从小视角切入，反映大的社会主题。以小见大，见微知著，颇为符合西方人具体、务实的思维习惯。

例如，在"中欧班列"系列短片中，有一个短片名为《波兰妈妈和中欧班列》，讲述了中国人菲菲十年前离开女儿，跟随丈夫去波兰创业，经常通过中欧班列给远在中国的家人寄送礼物、表达思念之情的故事。中欧班列的开通让菲菲能用更加便捷经济的陆运方式给家人捎去礼物，是联系她与远在杭州的亲人的纽带。短片一经蓝海云平台发布，立即被多个海外媒体传播（见图 21.4），引发传媒界、研究人员、企业家等各界人士关于"一带一路"国际影响力的讨论。

图 21.4　CNN 报道蓝海云平台中欧班列的故事

### 21.3.3 西方视角,亲切贴近

蓝海云平台尽可能从外国人的视角来讲故事,或者用外国人口述的方式来讲故事,让外国受众感到亲切。

例如,2017年制作的《北京国际白酒日上的中国精神》采用一个曾经在海外留学的中国人的视角,讲述这名中国人在北京的胡同里摆白酒摊而备受外国人喜欢的故事,被118家媒体采用。"神秘泉州"是一个在泉州生活多年的外国人讲述自己在中国的经历的系列短片。该故事被美联社、路透社、雅虎、福克斯等209家海外知名媒体播出。

### 21.3.4 朴素自然,客观表达

蓝海云平台的故事在表达方式上追求朴素自然。导演张超认为,"好故事自己会走路,自己会说话"[①],在形式上不做太多追求。在拍摄技巧方面,尽可能遵从一般的影视传播规则,用简单的同期声或镜头来表达内容和情感,不做过多渲染。在素材的剪辑上,不太刻意剪辑或者修饰画面,以求呈现人物最真实、最原始的状态。在向海外媒体输出的时候,也只提供简单的素材包,不进行更多的注解和诠释。

这样做的好处是显而易见的。越是原始和简单的素材,越容易被海外媒体采用、加工和转发,因为不含有立场和态度。故事拍摄手法力求朴素和简单,内容追求原创和普遍认可的价值观,更容易被海外媒体接纳。

## 21.4 蓝海云平台的创新价值:融媒体对外传播

### 21.4.1 开创融媒体对外传播先例

蓝海电视的诞生开创了民间创办对外传播机构的先例,而蓝海云平台的

---

① 资料来源:2019年3月笔者对蓝海传媒集团导演张超的访谈。

诞生则开创了融媒体对外传播的先河。

近年来,我国对外传播一直在摸索各种路径和方法,希望能够在海外获得更大的影响力,例如利用社交媒体借船出海、弯道超车,利用新媒体技术尽快实现海外落地等。蓝海云平台利用云平台网络,将中国文化直接推送给海外主流人群,俨然成为中国文化走出去的一个高速公路。它在云端整合全球各种制播团队、编辑团队、审核团队和发行团队,打造众包的新闻模式,使对外传播走得更远。

### 21.4.2 众包的协同机制符合国际传播的需要

蓝海云平台上的协同机制是一种独一无二的内容的众包机制。

它不同于梨视频的拍客系统。拍客只是梨视频的内容来源,相当于一个UGC内容库。拍客只需要自己上传视频并接受审核就可以了。视频的裁剪和编辑都由梨视频自己内部的工作人员完成。蓝海云平台上的内容从来源到编辑、剪裁再到包装、审核,众多环节紧紧相扣、缺一不可。它不同于新华社的现场云平台。后者仅仅拥有线上采集、传输和发布功能,相当于一个PGC内容库,所有的流程基本上都是由新华社专职人员完成,没有外部人员参与。它也不同于湖北广电的长江云平台。后者主要是做新闻和政务服务的聚合,鲜有原创的内容。

拍客系统和现场云平台主要汇聚UGC和PGC,长江云平台主要汇聚其他网站的二手内容,而蓝海云平台更像是一个从前端采集到后端整合的完整平台,基于互联网和云储存,汇聚全球数千个制作团队和数千家媒体用户,既汇聚各种内容生产来源,也汇聚各种平台资源,更是汇聚了全球6 000多个媒体发布资源。蓝海云平台使国际传播从过去仅限于少数专业机构的行为,变成了大众参与协同的行为,变成了一个前端和后端相连接的完整的产业链条。蓝海云平台开创了个人、运营商、用户、广告商等利益相关方的共享互利模式,打造了云端的商业闭环。

虽然蓝海云平台在整体运作上还存在一些局限和缺陷,比如它的商业运作还不甚完善,部分节目制作水平还有待提高,但是,它搭建起来的这个云平台已经初步完成了对外传播融媒体的使命,实现了内容、渠道、资源、人才、资本等的全方位融合,并且可以预见在未来会越来越成熟和完善。

值得一提的是,蓝海云平台在迈向融媒体的过程中完全按照市场规律来运营,并没有像我国传统电视台一样受体制和机制的束缚。"从本质上讲,蓝海云平台就是一个基于传播中国故事的互联网公司"①,所以无论是节目制作、传播还是商业运作,它都能够快速地与国际媒体接轨,毫无障碍地变身融媒体并被世界所接受。对于希望借助新媒体来进行国际传播并获取更大国外影响力的传统电视台来说,这一点也许值得思考和借鉴。

---

① 资料来源:2016年10月笔者对蓝海云平台品牌总监关志健的访谈。

# 参考文献

1. [澳] Stephen Quinn、[美] Vincent F. Fllak：《媒介融合——跨媒体的写作和制作》，任锦鸾译，人民邮电出版社，2009年。
2. [美] 艾·里斯、杰克·特劳特：《定位》，邓德隆、火华强译，机械工业出版社，2010年。
3. [美] 菲利普·科特勒、凯文·莱恩·凯勒：《营销管理》(第13版)，王永贵等译，格致出版社、上海人民出版社，2009年。
4. [美] 凯文·莱恩·凯勒：《战略品牌管理》(第4版)，吴水龙、何云译，中国人民大学出版社，2014年。
5. [英] 维克托·迈尔-舍恩伯格、肯尼恩·库克耶：《大数据时代：生活、工作与思维的大变革》，盛杨燕、周涛译，浙江人民出版社，2013年。
6. [美] 迈克尔·波特：《竞争战略》，陈丽芳译，中信出版社，2014年。
7. [美] 唐·E·舒尔茨、菲利普·J·凯奇：《全球整合营销传播》，何西军等译，中国财政经济出版社，2004年。
8. 吴晓波：《腾讯传(1998—2016)：中国互联网公司进化论》，浙江大学出版社，2017年。

9. [韩] W·钱·金、[美] 勒尼·莫博涅:《蓝海战略》,吉宓译,商务印书馆,2016年。
10. [美] 克里斯·安德森:《长尾理论》,乔江涛译,中信出版社,2006年。

# 后记

本书的写作初衷,源于一种内心的呼之欲出的愿望。2019年8月,距离党中央在2014年8月19日提出媒体融合的国家战略已过去整整五年。媒体融合取得了什么样的阶段性成果?能否用一本书来记录这五年媒体融合的发展历程?鉴于我自己在中央电视台发展研究中心的平台上所了解到的全国传统媒体和新兴媒体融合的现状,基于这几年来一直在媒体融合领域内所做的研究的沉淀和手中已有的相关资料,我内心有一种愿望,想把所了解到的真实情况记录下来,客观反映五年之中我国媒体融合走过的纷扰路径和得失经验。

这本书的完成,要感谢复旦大学出版社编辑章永宏老师和朱安奇老师。作为本书的"掌舵人",章永宏老师可谓慧眼识珠。凭借多年的编辑经验和专业素养,他觉察到这本书可能存在的创新价值,为我策划了本书的立意、框架和出版之后的一系列构想,使原本在我手中的材料鲜活起来并有了灵魂。朱安奇老师细心和耐心地帮我完成了书稿的审理和校对等相关烦琐工作。在两位老师的鼓励和帮助之下,我才有了排除万难坚持写下去的决心。

感谢清华大学新闻与传播学院彭兰教授为本书写序。作为在网络传播方面耕耘多年且颇有建树的著名专家,彭兰老师不仅专业功底深厚,而且蕙质兰心、德才兼备,是我心目中的女神和偶像。在接到我的邀请之后,她爽快地为本书写序,并且以她的思想高度为本书赋予了更开阔的视角和更大的格局。我将学习彭兰老师的勤奋钻研精神和在媒体融合领域的思想建树,在媒体融合领域进行持续和更为深入的探索。

感谢我任职的中央电视台发展研究中心。从2017年开始,中央电视台发展研究中心在汪文斌主任的领导下,对短视频、移动直播等前沿课题进行拓荒探索。作为课题主要承担者的我,跟随走访了大量的主流媒体和互联网公司,获取了翔实的一手资料,建立了长期的合作联系。正是在中心的规划和带领下,我才能够在两年时间走访这么多主流媒体和互联网公司,所获得的一手数据和资料成为本书的核心优势之一。

感谢我们调研的传统媒体和互联网公司,包括《新京报》、湖南红网、湖北广电、芒果TV、腾讯、二更、梨视频、快手、蓝海传媒集团等。由于新媒体发展太快,往往不到半年时间,我们调研的数据和资料就过时了。所以,在写作过程中,我曾不止一次打扰他们以获取或者核实最新数据和资料。他们都不厌其烦地为我提供支持和帮助。因为有他们,书稿才能够形成翔实、扎实的数据和丰富的内容基础。

写作的过程永远都是艰苦的。我还要感谢我的家人在写作过程中不断给我提供精神和生活上的支持和鼓励,连书中的一些数据图,都是10岁的儿子利用他所学习的编程知识帮我制作的。这些无偿的支持使我能够克服沉重的工作压力,利用假期、周末和晚上的业余时间来完成这本书。图书的出版问世是对孩子最好的教育和对家人最大的慰藉。

"不负韶华,只争朝夕",希望这本教材的问世,能够对正在媒体融合领域学习的莘莘学子起到一些帮助作用。由于时间和能力的原因,书中难免有不足之处,希望广大读者和专家们予以批评指正。

黄　鹂

2020年5月于中央广播电视总台

图书在版编目(CIP)数据

全媒体创新案例精解/黄鹏著. —上海:复旦大学出版社,2020.8
新媒体内容创作与运营实训教程
ISBN 978-7-309-15077-3

Ⅰ.①全… Ⅱ.①黄… Ⅲ.①传播媒介-高等学校-教材 Ⅳ.①G206.2

中国版本图书馆 CIP 数据核字(2020)第 096527 号

**全媒体创新案例精解**
QUANMEITI CHUANGXIN ANLI JINGJIE
黄　鹏　著
责任编辑/朱安奇

复旦大学出版社有限公司出版发行
上海市国权路 579 号　邮编:200433
网址:fupnet@fudanpress.com　http://www.fudanpress.com
门市零售:86-21-65102580　团体订购:86-21-65104505
外埠邮购:86-21-65642846　出版部电话:86-21-65642845
江苏句容市排印厂

开本 787×960　1/16　印张 16.25　字数 225 千
2020 年 8 月第 1 版第 1 次印刷

ISBN 978-7-309-15077-3/G·2121
定价:45.00 元

如有印装质量问题,请向复旦大学出版社有限公司出版部调换。
版权所有　侵权必究